оги СССР — The USSR Railways
—TICKET B № 440865
жестком КУПЕЙНОМ вагоне
КОРОГО поезда
n hard sleeping car (four-berth
tments) FAST TRAIN
Вагон Car № 1
Место Berth № 8
19 марта 1987
From
Км
Via
Цена Руб. Price
со дня выдачи — Valid 2 months
тся остановка без отметки
Дата выдачи Date of issue
Билет
ЖЕСТКИЙ
HARD CAR
Without control coupon valid for
B № 440865
ments) FAST TRAIN
Вагон Car № 1
Место Berth № 9
та отправления
e of departure
23 марта 87
From
Via
Км 1848
Цена Руб. Price
месяца со дня выдачи — Valid 2 months
азрешается остановка без отметки
Дата выдачи Date of issue
Без отреза годен для ребенка от
Without control coupon valid for child
21.03.87
B № 815751
Иркутск
Улан Батор
Сухебатор
Stempel und Datum der Ausgabe
Плата за проезд одного пассажира
Preis für einen Person
Общая стоимость
Gesamtbetrag
руб. Rbl. 96-29
руб. Rbl. 52-58
1987年4月21日乙(旅客)
种别 日期 年 月 日 座別
4月21日 49 次
6车 10下铺
上午10点07分开
上海站
自上海站至 站
经由:
全程 公里
补收 至 间 票价
次列车 客票票价
日到达有效 快票价
数 卧票价
补票费
合计
上海 站售票员
沪 P № 049620
②撕角、补贴、涂改即做无效。
№ 013648
半价
小孩
记事
拾元
广州铁路局
W0225333
4月24日 109次
空調 下午14點55分開
(硬) 9 號車 12 號座
站至 深圳 站
经由:
全程 公里
限乘当日当次车 在3日内到有效
200元
100元
此面向上依箭 咀方向插入
Insert this side up
根據九廣鐵路 公司條例發售
Issued subject to the Ordinance of Kowloon-Canton Railway Corporation.
Class 等級
由 From
至 To
Date from 生效日期
2 羅湖→九龍 成人 24/04/87 LO WU→KLN. 70480
24/04/87 ADULT $14.50C 304
單程 Single
來回 Return
終止有效日期 Date to
票價 Fare
九廣鐵路公司 K.C.R.C.
TM 3 '87E

Lissabon - Hongkong mit der Eisenbahn

Fotos und Text: Karl Johaentges
Text: Jackie Blackwood

KaJo

CIP-Kurztitelaufnahme der Deutschen Bibliothek

Johaentges, Karl:
Lissabon - Hongkong mit der Eisenbahn
Fotos und Text: Karl Johaentges.
Text: Jackie Blackwood.
Hannover: KaJo-Verlag;
Stuttgart: Internationales Landkartenhaus, 1988
ISBN 3-925544-02-X
NE: Blackwood, Jackie:

Gestaltung und Layout: Karl Johaentges
Korrekturen: Uli Zimmermann, Frankfurt
Günter Fröbel, Neustadt
Satz: Lichtsatz Wallier, Hannover
Reproduktionen: Repro-Möller, Hannover
Druck: Druckhaus E. A. Quensen, Lamspringe
Buchbinderei: Rödiger, Hannover

Printed in Germany ISBN 3-925544-02-X
1. Auflage 1988

Fotos Umschlagseite:
Ludmilla, Transsibirische Eisenbahn
Dampflokomotive in der VR China
Bahnreisende in Südchina
Träger auf dem Bahnhof Apolonia, Lissabon

Foto Rückseite:
Dampflokomotivräder, Datong, VR China

LP: DM 39,80

KaJo-Verlag
Karl Johaentges, Hannover
Sortimentsauslieferung:
ILH-GeoCenter
Internationales
Landkartenhaus GmbH
Schockenriedstraße 40 A
7000 Stuttgart 80

Vielen Dank:

Dagmar Brinckmann, Hannover
Chun und Charn Kwok, Hongkong
Klaus Druhmann, Lindhorst
Paul Duwe, Berlin
Peter Gärtner, Berlin
Peter Goette, DB Hannover
Klaus-Reinhard Hardegen, Hannover
Ingolf Heinemann, Bordenau
Irina und Nadja, Moskau
Dieter Kik, Paris
Margarete Maaß, Hannover
Marina und Andrej, Novosibirsk
Hartwig Möller, Hannover
Ecki Nax, Hannover
Linda und Tong Chi Kwong, Hongkong
Hans Oppermann, Hannover
Thomas Quensen, Lamspringe
Da Shi, Beijing
Wang Yuan, Shanghai
Reneé Wasmund-Rüb, Hannover
Lee Yee, Hongkong

Ernst Leitz Wetzlar GmbH

Vorwort

Lokführer wollte ich nie werden – genausowenig wie Pilot. Ich besaß nicht einmal das Minimum an Märklin-Schienen, um eine 001-Lok kreisen zu lassen. Auch ohne diese fehlenden Attribute eines ‚richtigen' Jungen übte die Eisenbahn seit meiner Kindheit einen unwiderstehlichen Reiz auf mich aus. Kein Wunder, denn selbst der mickrige Dauner Eisenbahnviadukt aus Eifelbasaltstein galt mir (sogar ohne imposante Dampflok) lange Zeit als das mächtigste Bauwerk – höher noch als die Kirche.

Auf den Schienen habe ich meine ersten Groschen bis zur völligen Unkenntlichkeit auswalzen lassen, zu Fuß bin ich den Schienen in Richtung Wittlich gefolgt, nach Süden. Holzschwelle, Schotter, Holzschwelle, Schotter, Holzschwelle…

Die stählernen Gleise schienen mich wie Richtungspfeile in die Ferne zu führen, in unbekannte Länder, die ich zwar nicht kannte, mir aber irgendwie vorzustellen vermochte. Denn über die Schiene war ich direkt mit ihnen verbunden, und die in der Ferne zum Punkt verschmelzenden Gleise beflügelten meine Phantasie, obwohl der Schwellenrhythmus zu jener Zeit meiner Schrittlänge noch völlig widersprach.

Auch neun Jahre als Fahrschüler mit täglich 46 Kilometern in roten, röhrenden Schienenbussen haben meine stille Leidenschaft für die Eisenbahn nicht schmälern können. Im Gegenteil, sie haben das Vertrauen in die Zuverlässigkeit dieses Verkehrsmittels verstärkt, aber auch meine Ungeduld und Unfähigkeit, auf Züge zu warten. Ich bin lieber unzählige Male in die letzte, offene Tür eines Triebwagens gesprungen, als zwei Minuten früher von zu Hause loszugehen.

Jackie, mit der zusammen ich mich auf diese 17.343 Kilometer lange Eisenbahnreise nach Hongkong machte, verließ Schottland schon mit 18 Monaten per Bahn in Richtung London, um sich dort mit ihren Eltern nach Australien einzuschiffen. Bis zum Alter von 23 Jahren kannte sie die Eisenbahn allerdings nur aus Bilderbüchern oder vom Bildschirm, dann aber ‚richtig': 66 Stunden dauerte die Fahrt auf der *Indian-Pacific Railway* von ihrem Wohnort Perth in Westaustralien bis Sydney, der heimlichen Hauptstadt des ‚roten Kontinents'. 4421 Kilometer – davon 480 kurvenlose, schnurgerade Bahnkilometer durch die *Nullabor*-Ebene.

Vor unserer Reise mußte ich mit Jackie eine Wette abschließen. Für sie war die Vorstellung, auf den letzten Drücker auf Züge aufspringen zu müssen, eine nervtötende, ständige Gefährdung unserer Reisepläne. Sollten wir also durch mein Verschulden einen Zug verpassen, würde ich den langen Weg von Hongkong zurück ebenfalls per Bahn machen. (Belohnung oder Strafe?)

Wenn ich *Baedeker* höre, überkommt mich spontan die Erinnerung an ungewollte Kirchenbesichtigungen und langweilige Museumsbesuche. Denn solange ich zurückdenken kann, gehörte der ‚Baedeker' einfach ins Reisegepäck meines Vaters. Ob in Rom oder Garmisch, mit Karl Baedeker grasten wir lateinische Grabinschriften, barocke Schlösser und Gemälde ab, er war uns wie ein Ferienfahrplan. Ich haßte ihn.

Jahrzehnte später erscheinen mir diese alten Reiseführer wie kleine Kunstwerke. In handlicher Form, extrem klein, auf dünnem, bibelähnlichem Papier gedruckt, waren sie schon damals eine geballte Ladung Information mit wunderschönen Kartenstichen. Fotokopien einiger solcher um 1914 erschienenen Reisebibeln waren fester Bestandteil unserer kiloschweren Bibliothek, die wir mit nach Osten schleppten. 70 Jahre Geschichte haben so manches zwischen die Zeilen geschrieben, was in neuen Reiseführern fehlen muß.

Zugegeben, auch das Lesen von Kursbüchern war mir immer schon ein Greuel gewesen, vor allem diese unscheinbaren, verborgenen Genauigkeiten im Kleingedruckten, diese *f* und *b*, die über Schein und Sein eines Zuges Auskunft geben. Aber eine Bahnreise ohne Kursbuch ist wie eine Weltreise ohne Tagebuch.

Für das Tagebuch (in Englisch) war Jackie verantwortlich, ich für die Fotodokumentation einer Reise, die stark von Glück und Zufällen regiert wird. In einem Roman sind mit Bedacht gezeichnete Charaktere das Dicke und das Salz der Suppe, die der Leser auszulöffeln hat. Wir hatten jedoch auf ‚Typen', auf die ‚Statisten' zu warten, die uns der Zufall des Augenblicks schicken sollte.

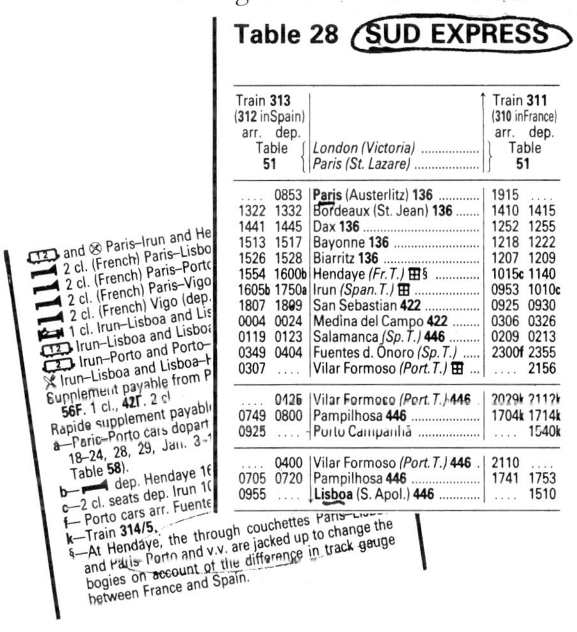

Table 28 SUD EXPRESS

Train 313 (312 in Spain) arr.	dep.		Train 311 (310 in France) arr.	dep.
Table 51		London (Victoria) / Paris (St. Lazare)	Table 51	
....	0853	**Paris** (Austerlitz) **136**	1915	....
1322	1332	Bordeaux (St. Jean) **136**	1410	1415
1441	1445	Dax **136**	1252	1255
1513	1517	Bayonne **136**	1218	1222
1526	1528	Biarritz **136**	1207	1209
1554	1600b	Hendaye *(Fr. T.)* ⊞ §	1015c	1140
1605b	1750a	Irun *(Span. T.)* ⊞	0953	1010c
1807	1809	San Sebastian **422**	0925	0930
0004	0024	Medina del Campo **422**	0306	0326
0119	0123	Salamanca *(Sp. T.)* **446**	0209	0213
0349	0404	Fuentes d. Onoro *(Sp. T.)*	2300f	2355
0307	....	Vilar Formoso *(Port. T.)* ⊞	....	2156
....	0426	Vilar Formoso *(Port. T.)* **446**	2029k	2112k
0749	0800	Pampilhosa **446**	1704k	1714k
0925	....	Porto Campanhã	....	1540k
....	0400	Vilar Formoso *(Port. T.)* **446**	2110	....
0705	0720	Pampilhosa **446**	1741	1753
0955	....	**Lisboa** (S. Apol.) **446**	....	1510

and ⊗ Paris–Irun and He
2 cl. (French) Paris–Lisbo
2 cl. (French) Paris–Porto
2 cl. (French) Paris–Vigo
2 cl. (French) Vigo (dep.
1 cl. Irun–Lisboa and Lis
Irun–Lisboa and Lisboa
Irun–Porto and Porto–
Irun–Lisboa and Lisboa–
Supplement payable from P
56F. 1 cl., 42F. 2 cl
Rapide supplement payable
a—Paris–Porto cars depart
18–24, 28, 29, Jan. 3–
Table 58).
b— dep. Hendaye 16
c—2 cl. seats dep. Irun 10
f—Porto cars arr. Fuente
k—Train 314/5.
§—At Hendaye, the through couchettes Paris–Lisboa and Paris–Porto and v.v. are jacked up to change the bogies on account of the difference in track gauge between France and Spain.

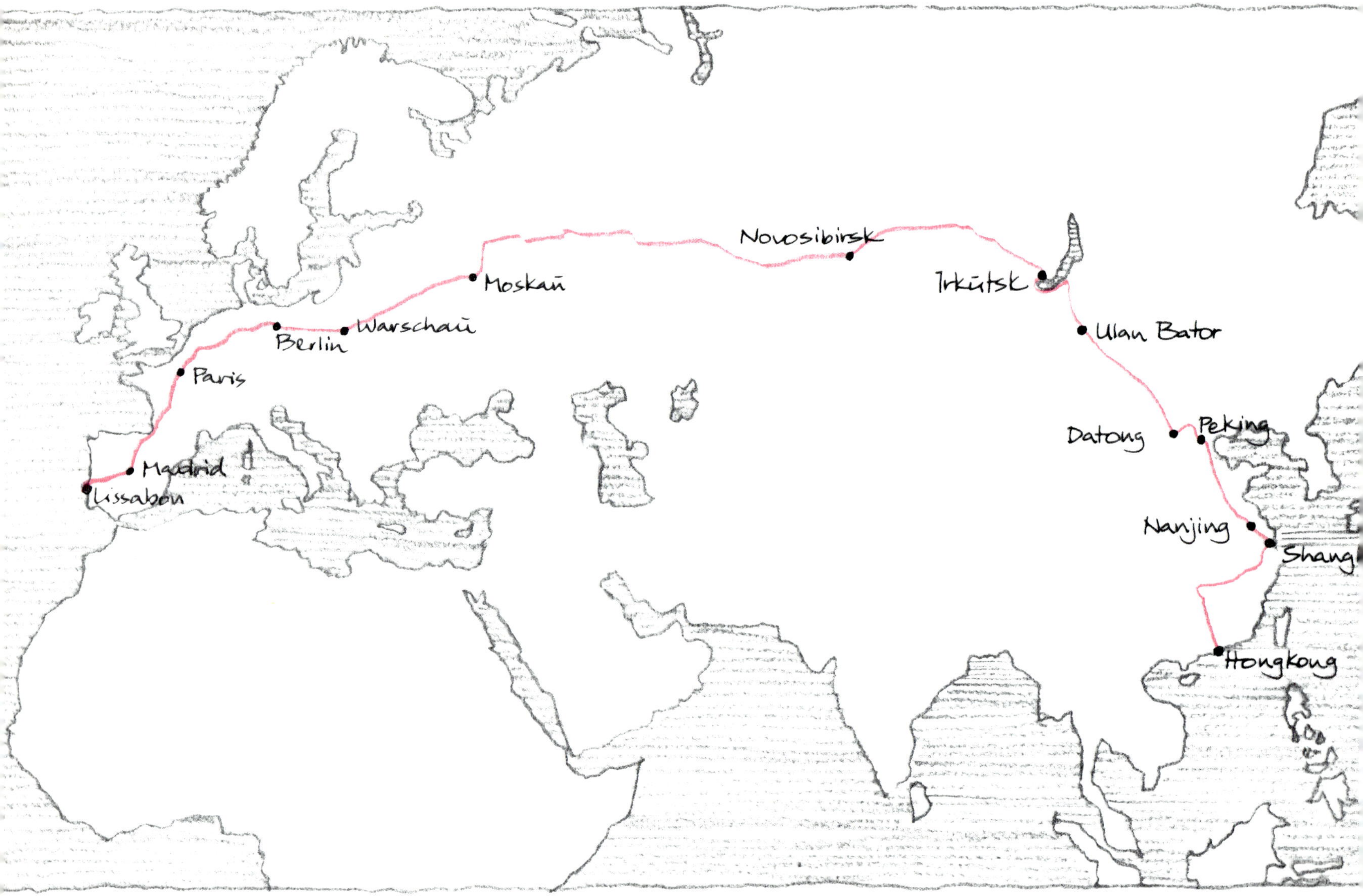

Theoretisch könnte man diese gigantische Strecke in 259 Stunden (~10.5 Tage) bewältigen. Wir ließen uns jedoch 71 Tage, 18 Städte und 20 Züge „Zeit".

Bahnhof! Warten – abfahren – ankommen – abholen – Abschied – Küsse und Tränen – warten. Und wenn mein Großvater ‚Bahnhof' hörte, dachte er zuerst einmal an: „Der Kaiser kommt!" Aber der ‚rote Teppich' wird heute in Köln-Wahn oder Frankfurt ausgerollt, und die Hoch-Zeiten des Bahnhofs verbleichen in den Geschichtsbüchern. Viele dieser ‚Kathedralen der Technik' à la ‚Bahnhofsgotik', diese Zwitter aus Palast und Fabrik, in denen sich die ‚Hautevolee' traf, sind längst abgerissen oder mit viel Glück in Museen umfunktioniert.

Bahnhöfe sind keine Salons der feinen Gesellschaft mehr, auch nur noch selten elegantes Schaufenster, schon eher Spiegel der Gesellschaft. Sie verfügen über ein wenig Neon- und Resopal-Eleganz, ein Erste-Klasse-Restaurant, IC-Bahnsteige und effektive Fahrkartenschalter. Ansonsten Wartesäle, ein paar Kioske und die Bahnhofsmission. Denn der Bahnhof – das ist auch Heimat der Heimatlosen geworden, Stammtisch der Mittellosen, Bühne verhinderter Rockstars, Sammelpunkt der Rastlosen, der Arbeitslosen und auch der Kleinkriminellen, die im steten Fluß der Reisenden auf Strandgut hoffen.

Paris-Moskau, diese magischen Worte, die uns allen plötzlich beim Aussteigen aus einem bundesdeutschen Intercity auf dem gegenüberliegenden Bahnsteig entgegenleuchten können, verlieren auch im Zeitalter des Jets nichts von ihrer Wirkung. Fast magnetisch scheinen sie uns anzuziehen, man möchte kurzentschlossen einsteigen zu den unbekannten Gesichtern, die einem hinter regenverschmierten Fenstern so entspannt, ja entrückt entgegenschauen. Sie haben auch uns auf diese Bahnreise nach Hongkong gelockt.

Zugfahren ist heute deklassiert, zweitklassig. Diejenigen, die zu Baedekers Zeiten die Luxuszüge buchten, der *Rail-set*, sie sind längst auf den Jet umgestiegen. Der Reiz und die magische Kraft der internationalen und transkontinentalen Züge sind jedoch ungebrochen. Eine Fahrt mit der Transsibirischen Eisenbahn zum Stillen Ozean ‚schmort' in unzähligen Hinterköpfen, ist Mythos geblieben.

Wir sind den verwischten Spuren der Anfänge des Bahnreisens gefolgt, den Strecken des Süd-Expreß, des legendären Nord-Expreß und seiner logischen Verlängerung, der Transsibirischen Eisenbahn. Allerdings bei weitem nicht so luxuriös wie der Rail-set um die Jahrhundertwende, der im ‚Ritz' oder ‚Grand Hôtel des Wagons-Lits' abstieg. Wir reisten meist 2. Klasse und übernachteten fast immer in ‚sternenarmen' Hotelzimmern. Für sentimentale Nostalgie mit Plüschsesseln und elektrisch beleuchteten Gaslampen fehlte uns nicht nur das Geld, sondern auch das Interesse. Wir suchten den Pulsschlag und den Alltag des Reisens auf der Schiene – von Europa bis Asien.

Als Ausgangspunkt unserer fast dreimonatigen Reise wählten wir nicht zufällig Lissabon – westlichster Vorposten Europas am Atlantik und einst Umschlagplatz der Schätze, Gold und Gewürze der Alten Welt. Endstation Hongkong im Fernen Osten, modernes Kaufrausch-Mekka und Handelsmetropole mit dem ‚Verfallsdatum' 1. 6. 1997. Dazwischen über 17.000 Kilometer Schiene, quer durch Europa, Sibirien und Asien.

Bahnhof Rossio und Blick über Lissabon

Eine Reise durch die Gegenwart, durch Zeit und Raum, durch Länder, die fast alle einmal Weltmächte, Supermächte ihrer Zeit, waren oder es noch sind. Ob nun das Portugal des Seefahrers Vasco da Gama, die Mongolei Dschingis-Khans oder die Sowjetunion Michail Gorbatschows.

Eine Reise auch durch die Jahreszeiten. Im Februar 1987 erwischten wir in Lissabon schon die ersten kräftigen Sonnenstrahlen des nahen Frühlings. Ab Deutschland bis zu den Ausläufern der Wüste Gobi und der Grenze zur VR China hatte allerdings der Winter unsere Stationen noch in eisig festem Griff. In Peking schickten wir dann unsere Daunenjacken im Paket via *Transsib* nach Hause zurück. In Shanghai wechselten wir sogar schon zum luftigen T-Shirt – zu früh, denn in der tropischen Schwüle Hongkongs hätten wir später gerne noch eine Baumwollhaut abstreifen mögen.

Ob in Spanien, der Bundesrepublik oder der Sowjetunion, die Eisenbahn führt den Reisenden unfehlbar durch die Hinterhöfe der Städte zu ihren Schaufenstern, ihrer Schau-Seite. Ansichtskartenmotive haben wir jedoch zu vermeiden versucht, Museen gehörten zum verzichtbaren Teil des Reiseprogramms. Statt dessen trieben wir uns in Cafés (wenn vorhanden), Restaurants und Bahnhofshallen herum, denn sie gewähren den Durchreisenden am ehesten ein flüchtiges Bild der Nationen, die sie durchqueren.

portugiesisches Ehepaar im Süd-Expreß

Müssen wir betonen, daß es uns nie langweilig war, selbst während fast dreitägiger Bahnfahrten in Sibirien nicht? Oder besser gesagt: gerade in der Transsib nicht.

„The Transsib is *the* big train ride – all the rest are peanuts." Dieser genüßlichen Zusammenfassung des englischen Reiseschriftstellers Eric Newby ist nichts hinzuzufügen, nur das Erlebte. Sein Buch „The Big Red Train Ride" wurde das zerlesenste Paperback unserer Reise, und unser BilderLesebuch begreifen wir auch ein wenig als Hommage an Eric Newby.

Bevor wir uns nun auf diese längste mögliche Bahnverbindung begeben, möchte ich für die Freunde des Details noch etwas Statistik betreiben, damit sie nicht im Text verlorengeht: 17.343 km haben wir als Kilometerleistung errechnet. Theoretisch (reibungslose Anschlüsse vorausgesetzt) könnte man diese gigantische Strecke in 258 Stunden und 53 Minuten (etwa 10,5 Tagen) auf der Schiene schaffen, wobei nur fünfmal der Zug gewechselt werden müßte. Wir ließen uns jedoch 71 Tage, 18 Städte und 20 Züge ‚Zeit' und wechselten auch häufig die Zugklassen. 5 Visa, 3 Spurwechsel und 20 Paß- und Gepäckkontrollen waren notwendig, um nach Hongkong zu gelangen. Insgesamt 1350 DM pro Person mußten wir für Fahrkarten und Zuschläge hinblättern.

Die Perspektive während dieser dreimonatigen Eisenbahnreise bleibt notgedrungen die des eiligen Touristen, etwas belesen zwar, aber oberflächlich und ohne die Chance, einen Blick hinter die Kulissen zu werfen, was erst das Arbeitsleben gewährt. Das gelang mir zwar in meinem ersten Buch *Bilder einer Weltreise*, dafür störten mich ein wenig die Brüche zwischen den einzelnen Stationen meiner damals dreijährigen Weltreise. Denn jeder Flug hatte mich entgegen

Vorstadtzüge im Rossio - silbern glänzendes, gewelltes Blech meinen Gefühlen rücksichtslos aus hochmodernen Industriegesellschaften wie im Zeitraffer ins ‚Mittelalter' asiatischer Länder katapultiert.

In *Lissabon–Hongkong* möchten wir derartige Brüche möglichst vermeiden. Mit dem Zug können wir keine Kulturen überspringen. Statt Zeitraffer lange Filmeinstellungen, die gerade genug Zeit lassen, ein paar Details zu studieren. Das reizvollste einer Bahnfahrt ist für mich ohnehin, daß der Blick aus dem Fenster immer mehr Fragen stellt, als er beantworten kann.

So soll auch unser BilderLesebuch Sie nicht führen – weder auf einem Trampelpfad, noch hinter die Kulissen – dafür reichen vier Tage in Moskau, Novosibirsk oder Paris ohnehin nicht. Es soll Sie einfach nur begleiten auf Ihrer Lehnstuhl-Bahnreise nach Hongkong, ein paar Fragen aufwerfen und vor allem die Neugierde wecken, es einmal selbst zu tun. Warum nicht einmal statt Kenia oder Nepal einfach mit der Eisenbahn nach Hongkong – zum Einkaufen natürlich – oder?

Karl Johaentges

Anreise nach Lissabon

Hannover – 11. 2. 1987 – 19.38 Uhr. *D 242* kommt von Warschau, ein Nachtexpreß nach Paris. Vor unserer Reise ‚Lissabon–Hongkong' steht die Anreise, kein One-Way-Ticket per Jet, sondern per Bahn – als Heimtraining vor dem Superlativ. Kaum haben wir den Schlafwagen geentert, noch in den Vororten Hannovers wird klar: dies ist ein internationaler Zug. Die Sprache des uniformlosen Schlafwagenschaffners ist Französisch und nur Französisch.

Im Speisewagen wird Englisch gesprochen, auch Russisch, aber vor allem Deutsch, genauer Sächsisch. Auf den ersten Blick sieht die rollende Gastlichkeit nach Renovierung aus, als habe jemand zum Schutz übergroße weiße, zerknitterte Laken über das Mobiliar geworfen und sie mit durchsichtigen veilchenblauen Würfelzuckerschalen beschwert. Die Speisekarte im Nachtzug nach Paris ist von *Mitropa* – ein traditionsreicher Name. Seit 1949 rollt diese Speisewagengesellschaft (die während des 1. Weltkrieges von den Preußen mit den beschlagnahmten Waggons der Konkurrenz gegründet worden war) für die Reichsbahn der DDR.

Statt Bordeaux gibt's nur Flaschenbier: ‚Radeberger Pilsner Luxusklasse' – ‚Wernersgrüner Pils Luxus' ist ausverkauft, aber das wäre sowieso die schlechtere Wahl gewesen. Aber nein, es gibt auch ungarischen Roten, ‚Erlauer Stierblut' – süffig. Auf der Speisekarte tummeln sich ein paar Schnitzel, vom Jäger bis Zigeuner, vor allem aber Eierspeisen mit genial einfacher Preisgestaltung: 1 Ei weniger = 1 DM billiger.

Bevor wir nun auf unsere eigentliche Eisenbahnreise gehen, möchten wir Sie zu einem kurzen Galopp durch die Geschichte des Eisenbahnreisens entführen. Beginnen wir mit der ersten spektakulären Demonstrationsfahrt eines Personen- und Güterzuges, den die Gebrüder Stephenson am 27. September 1825 in England auf die Reise von Darlington nach Stockton schickten. 1835 schnaufte die *Adler* zwischen Nürnberg und Fürth, zwei Jahre später rollten in den USA schon die ersten Schlafwagen durch das ‚Land der unbegrenzten Möglichkeiten'. Und 1869 verbanden die Salonwagen des Amerikaners Pullman den Atlantik mit dem Pazifik.

Was in der Neuen Welt selbstverständlich war, blieb im zerstrittenen Europa der Kleinstaaterei Utopie. Hier erwies sich die Eisenbahn sogar als wichtiges Kriegsinstrument, und jedes Land war darauf bedacht, dem Nachbarn durch unterschiedliche Spurweiten, Unterbrechung der Gleise an der Grenze, unterschiedliche Kupplungen und Bremssysteme den Zugang zu verwehren.

Ironischerweise wurde die Entwicklung in Europa durch die Liebesaffäre eines belgischen Bankierssohnes beschleunigt, den die standesbewußte Familie (damit Gras darüber wachse) 1868 kurzerhand über den ‚großen Teich' schickte.

1870 kehrte Georges Nagelmackers aus den USA zurück, überzeugt von der Zukunft der eleganten Speise- und Schlafwagen Pullmans und besessen von der Idee, diese auch in Europa zu verwirklichen. 1876 gründete er, um die nationalpolitischen Gräben Europas überwinden zu können, eine internationale Schlafwagengesellschaft, die ‚Compagnie Internationale des Wagons-Lits' (CIWL).

Die Fürstenhäuser Europas begegneten dem Bürgerlichen Georges Nagelmackers allerdings mit Mißtrauen. Schon 1877 war

José, Träger auf dem Bahnhof Apolonia, Lissabon

sein Versuch, den russischen Zaren von einer Schlafwagenverbindung nach St. Petersburg zu überzeugen, fehlgeschlagen. Nachdem es mit Hilfe von ‚uniformiertem, blauem Blut' in Person eines Vicomte gelungen war, den König von Bulgarien von der Notwendigkeit des *Orient-Expreß* zu überzeugen, schickte Georges Nagelmackers einen Grafen nach St. Petersburg. Der Trick zog wieder, und 1882 genehmigte Alexander III. das Vordringen einer ausländischen Gesellschaft auf die 1524 mm breite Spur des Zarenreiches. Als technische Neuerung waren dafür teure, auswechselbare Drehgestelle für den Spurwechsel erforderlich, die allerdings auch die Möglichkeit eröffneten, auf die iberische Halbinsel vorzustoßen.

Die Idee, mit einem Nord-Süd-Expreß nach amerikanischem Vorbild Europa in 90 Stunden von Lissabon nach St. Petersburg (4834 km) zu durchqueren, scheiterte schließlich weniger an technischen Problemen oder dem plötzlichen Choleraausbruch in Spanien, als am politischen Widerstand, vor allem dem der Preußen. Den Deutschen, genauer: Bismarck und dem Kaiser, war die Idee ein wenig zu international, zu grenzüberschreitend, zu verbindend. Kaum hatten sie von der Idee Wind bekommen, annullierten sie auch schon sämtliche Verträge mit der CIWL. Die Schlafwagen mußten Preußen vorläufig über Wien und Warschau ausweichen.

Der Rail-set der Jahrhundertwende war geboren. Ab 1888 konnten die hohen Herrschaften, Aristokraten, Botschaftsräte und feinen Erben ihre Schlafwagen für den *Orient-Expreß* bis Konstantinopel buchen. Ein Jahr zuvor hatte der *Süd-Expreß* erstmals Lissabon mit den europäischen Hauptstädten verknüpft. Und die CIWL hatte St. Petersburg schon mit Europa verbunden, bevor Zar Alexander III. am 17. März 1891 mit dem Bau der ‚Großen Sibirischen Eisenbahn' begann. Vielleicht war dies sogar Gedankenanstoß für eine logische Verlängerung der Fernverbindung nach Osten. Aber das wollen wir hier nicht vorwegnehmen. Nur noch die Tatsache, daß der *Nord-Expreß* ab 1896 auch wieder durch Preußen rollen durfte – allerdings mit Zuschlag.

1987, im Zeitalter des Jets, sparen wir auf der Schiene nach Lissabon keine Zeit, nur ein wenig Geld. An Luxus ist in den Zweite-Klasse-Liegewagen des Nacht-Expreß nach Paris allerdings nicht zu denken. Zugegeben, sie sind bequem, aber auch nur, weil das Platzangebot im beengten 6er-Abteil nur von vier Personen, uns, einer älteren Dame (mit einem zu schweren Koffer) und einem tadellos geschniegelten und in einen Maßanzug gezwängten Franzosen mit Trenchcoat und Aktenköfferchen in Anspruch genommen wird. – Leise dröhnt der Zug über endlos verschweißte Schienen. Nach all der Hektik wohlverdienter Tiefschlaf.

Noch vor dem Klopfen des Schlafwagenschaffners weckt mich meine Nase. Der Trenchcoat-Mann hatte eine teure, französische Wolke Aftershave versprüht, die binnen Sekunden auch zu den oberen Pritschen gewabert ist. Wir sind am Ziel. Paris. 6.25 Uhr. Gare du Nord.

Der Duft von Kaffee und Croissants lockt uns vom Bahnsteig auf die Caféhausstühle unmittelbar am Ende der Gleise. Zweieinhalb Stunden Zeit bleiben uns, genug für zwei Café au lait, drei Croissants (von denen wir trotz des Preises nicht genug haben können) und zwanzig Minuten Metro bis zum Gare d'Austerlitz, wo pünktlich um 8.53 Uhr der Süd-Expreß startet.

Train 313, der Süd-Expreß, der heute einmal täglich Mitteleuropa durchgehend mit Portugals Hauptstadt verbindet, ist kein Zug für Sonntagsausflügler. Der erste Halt nach viereinhalb Stunden und fast 600 Kilometern ist Bordeaux. Um 16 Uhr sind Irun/Hendaye erreicht, die spanische Grenze, wo der Zug, nachdem er über die viergleisige, internationale Bidosa-Brücke gerollt ist, von der europäischen Normalspur (1435 mm) auf die iberische Spur von 1676 mm umgespurt wird.

Ab Paris müssen wir uns das Abteil mit zwei bepackten portugiesischen Ehepaaren teilen, und im Abteil des Süd-Expreß, diesem verarmten Enkelkind der Luxusschlafwagen, ist es bedrückend eng geworden. Jede Bewegung eines Gepäckstücks erfordert das Raustreten von mindestens zwei Beteiligten auf den Korridor, der selber auch schon als zusätzlicher Gepäckraum dienen muß.

„Passaporte!" – 2 Uhr nachts. Wir haben die portugiesische Grenze erreicht; im Halbschlaf reichen wir mit lautlosen Verwünschungen grüne und blaue Pässe nach unten.

Alfama
red tiles, wires, T.V. aeri
tiny rusty balconies
overloaded with the
day's washing between
the pots of pink + red
geraniums
Streets plunging
Trams – rattling and
clanging of the
mechanical bug like
trams.

Lissabon

13. Februar 1987, 10.05 Uhr – Mit zehn Minuten Verspätung Ankunft in der *Estação Apolonia*, gleich neben dem Rio Tejo. Nur wenige Reisende entsteigen dem Süd-Expreß aus Paris, und so verharren auch die Träger in ihrer geübten Haltung der stehenden Siesta. Es sind hauptsächlich Rentner, die alltäglich die Koffer schwerbepackter Familien und alter Ladies zu den schwarz und badezimmergrün gespritzten Taxen schleppen. Auch die alten 180D-Benz-Taxen wirken wie Rentner in der Armada der japanischen Datsun.

Zwei Stunden nach unserer Ankunft haben wir ein Hotel gefunden. Zum Preis von 5000 Escudos (76 Esc. = 1 DM) die Nacht zwar nicht billig, dafür aber Zimmer 22 mit Aussicht, etwas unterhalb des beliebten Aussichtspunkts *Señora do Monte* und hoch über den sieben Hügeln Lissabons gelegen. Nach einem kalten deutschen Winter unser erstes Frühstück auf einer Dachterrasse. Die Sonne wärmt so tief, daß wir uns nicht einmal über das lieblos erhitzte Frühstück mit innen kalten und an der Oberseite schwarzen Croissants beklagen wollen.

Wir scheinen ohnehin zu früh hier angekommen zu sein. Jetzt im Februar bevölkern mehr Anstreicher und Dekorateure, als Gäste, das Hotel. Es ist die Zeit noch vor der Vorsaison, die wir bis Hongkong nie verlassen und die wir sehr genossen haben. Immer ein paar Wochen vor dem Touristenstrom, begegnen wir fast überall noch den Handwerkerkolonnen, die Kellner und Zimmermädchen wirken noch erholt, nur das Bad ist noch nicht gestrichen.

Blick auf Rossio-Platz

Lisboa liegt an einem Naturhafen, einer Strombucht. Der Tejo wirkt wie eine Meerenge, so weitläufig, daß wir Neulinge nicht einmal die Richtung zum Meer erahnen können, von dem diese Millionenstadt noch 17 km entfernt ist. Pastellfarben liegt sie uns zu Füßen. Linker Hand die Alfama, dann die von Zirkel und Lineal ausgerichteten Straßen zwischen dem *Rossio* und dem *Praça Comércio*, und gegenüber die *Bairro Alto*, die Altstadt. Auch die sich rot abhebende, über drei Kilometer lange Hängebrücke *a ponte* über den Tejo, deren Spannweite man wie einen Maßstab an die Stadt anlegen könnte, ist kaum zu übersehen.

Unser erster Vorstoß in die *Graça*, unseren Stadtteil neben dem *Castelo de São Jorge*, endet gleich um die Ecke, im Erdgeschoß eines kränklich verfallenden, viergeschossigen Mietshauses. Kein Schild signalisiert Gastlichkeit, nur die Gäste in engen Jeans und lässig hochgekrempelten Hemdsärmeln laden zum Betreten ein. Milchkaffee im Glasbecher oder ein kurzer ‚Schwarzer' in winzigen Porzellantassen sind im Angebot, aber auch Cola für den weniger Wagemutigen.

Der Opa hinter dem Tresen hat uns sofort richtig eingeordnet. „Cheeza humaroll?". Ich halte mich mit dem Käse/Schinken-Brötchen auf der sicheren Seite, Karl entscheidet sich für etwas mit dem musikalischen Namen *prego*. Dahinter verbirgt sich keine italienische Höflichkeitsformel, sondern eine fetttriefende Scheibe Fleisch zwischen einem Brötchen für 120 Esc. – kurz: ein portugiesischer Hamburger, Fastfood.

Runtergespült wird er mit einem *Café com leite* für 40 Esc. Der Kaffee kommt irgendwo aus Argentinien oder Brasilien, aber nur Gott weiß, wo diese Milch herkommt. Sie kann hier wie fast überall im winterlichen Lissabon eine pulverförmige Herkunft nicht verleugnen. Und gegen Milchpulver hatte ich schon vor der ‚Strahlenmolke' eine tiefe Abneigung. Da scheint ein kurzer Schwarzer mit einem Tütchen Zucker doch besser verdaulich. Vielleicht haben die Einheimischen deshalb die sensible Gewohnheit angenommen, den so furchtbar entstellten ‚café com leite' mit einer kleinen Flasche Mineralwasser herunterzuwaschen.

Um 11 Uhr werden überraschenderweise die grünen Resopal-/Chromtische zuerst mit einem weißen Tischtuch, dann mit einer weißen Serviette bedeckt, die leicht zu ersetzen ist, wenn einmal der Saft des Prego den Mund oder den Teller verfehlt. Weiße Porzellanteller, Gläser, Besteck und Brotkörbe verwandeln die Kaffeezeit in Mittagszeit; dafür knöpft sich der junge Mann hinter der Theke sogar das Hemd noch einen Knopf höher.

Hundert Meter tiefer im Gewirr der Gassen läßt nur noch Lärm eine Kneipe vermuten. Zwei Stufen nach unten, und schon stehen wir inmitten einer Männergesellschaft von Kartenspielern in weiten Hosen an grauen Holztischen. Auf dem Boden Sägespäne, an der Wand ein paar verblichene Postkarten (alte Männer mit Hüten und ein preisgekrönter Kampfhahn), dann drei, vier Lotterie-Tickets und auch eine mächtige Widdertrophäe.

‚Restaurante Três' – benannt nach der Hausnummer, die als blaues Emailleschild über der Tür der Kellerkneipe wirbt. Unter der niedrigen Decke hängt der Geruch von gegrillten Sardinen, welche Leaurinda, die Wirtin und einzige Frau, im hinteren Teil der Kneipe zubereitet. Wie auf einem Altar thront über der Bar der TV-Gott, den aber heute während des Kartenspiels am heiligen Sonntagmorgen niemand zu beachten scheint. Es wird weder um Geld gespielt noch übermäßig getrunken, es ist einfach ein öffentliches Wohnzimmer mit 99 % Männergesellschaft. Wir trinken einen namenlosen, sehr, sehr trockenen Weißwein – den, den alle als den besten loben.

Zwischendurch stecken mehrere Frauen kurz den Kopf in die verrauchte Höhle, rufen aber nur jedesmal „Rodriguez!" – das ist ein populärer Name hier in Portugal.

Lissabon ist übersät mit solchen Restaurants und Café-Bars – ein Luxus, den wir ab Berlin Richtung Osten noch häufig vermissen sollten. Die Tresen sind in der Regel recht hoch und mit einer Fußstütze versehen, und es sind fast immer Männer, die mit etwas abgespreizten Armen um Distanz bitten, wenn sie den Saft dieser unnachahmlichen Pregos einzufangen versuchen oder wie ein Ritual den Zuckerwürfel in den ‚Schwarzen' und das Papier auf den Boden fallen lassen.

Mit Linie 28 fahren wir in die *Alfama*, ein Labyrinth von engen Gäßchen, Wäscheleinen, schrägen Hauswänden, Vogelbauern und Straßenbahnschienen. Wie eine Ge-

Marienstatue am Aussichtspunkt Señora do Monte, Lissabon

werkschaft schwarzer Witwen stehen die Frauen in kleinen Klatsch-Gruppen vor kleinen Krämerläden, die mit kleinen Schildern „Por Favor Não Estacione Na Fronte da Porta" vor dem Verweilen warnen. Denn jedes um die Ecke biegende Auto streift die Einkaufstüten, jede Straßenbahn treibt die Frauen zurück zum Krämer.

Diese Trambahnen haben für mich etwas Tierisches an sich. Schaukelnd quälen sie sich mit ihren (gemessen an ihrer Größe) zu hoch erscheinenden Körpern die Steilhänge der Alfama empor – wie ratternde mechanische Spielzeugkäfer. Aber wehe, wenn es abwärts geht, dann zeigen sie uns, was eine Harke ist. Der Fahrer scheint wie hilflos am stählernen Lenkrad zu kurbeln, sie kreischen um enge Kurven und neigen sich mehr, als wir es von Straßenbahnen gewohnt sind.

Aus der Alfama, einst Viertel des vornehmen Mittelstandes, finden wir am ersten Tag erst abends wieder heraus. Wie aufregend ist es doch für uns Nordländer, durch enge, fast orientalisch anmutende Gassen eines Stadtteils zu streifen, dessen klangvoller Name schon soviel maurische Geschichte offenbart – vergessen wir, daß auch diese Gassen wie ganz Lissabon von Autos terrorisiert werden.

Zur besseren Orientierung in diesem Irrgarten ohne Wegweiser und Himmelsrichtungen hatte schon Karl Baedeker seinen Lesern eine ganze Liste von Begriffen mit auf den Weg gegeben: „Man merke folgende Ausdrücke: *beco*: Sackgasse; *boquerão*: enge Gasse zum Tejo zu; *calçada*: steile Straße; *escadinha*: Treppe; *junção*: Verbindung; *travessa*: Querstraße..."

Lissabon zerfällt, bröckelt. Noch ist der materielle Zerfall der Stadt dem Auge des Besuchers angenehm wie eine Patina der Geschichte. Wann jedoch ist die Schwelle zur Verwahrlosung überschritten?

Auf den ersten Blick macht Lisboa nicht einmal einen armen Eindruck. Vor allem die vielen Autos täuschen den Besucher. Manche scheinen allerdings über Wochen oder gar den ganzen Winter über unter einer Zelthaube verborgen zu sein, nur um dann während des Sommers für ein paar Monate das Image ihrer Besitzer zu heben. Aber auch sie bestimmen das Stadtbild. Oft stehen teure Mittelklassewagen vor Häusern, deren Fassade, Treppenhaus und Gesamteindruck fast schon eine Ruine vermuten lassen. Aus solchen unscheinbaren ‚Ruinen' treten sie, die Lissaboner, selbstbewußt und stolz, konservativ elegant gekleidet und mit den Gesichtszügen Vasco da Gamas, Francisco Sanches' oder anderer prominenter Köpfe portugiesischer Geldnoten.

Schuhputzer, Rossio

Aber keiner der Klingelknöpfe neben schweren Eichenportalen trägt einen Namen, nur kurz: VI. links, oder: III. Mitte. Ist diese Anonymität noch ein Überbleibsel aus der Zeit des Diktators Salazar, in der es ratsamer schien, nicht mit Namensschild auf seine Bleibe hinzuweisen?

Nun gut. Wie das ‚Kranzler' in Berlin oder das ‚Café de la Paix' in Paris wird es in allen Reiseführern genannt: Am Praça Rossio führt einfach kein Weg vorbei am Café *Suiça* mit seinen schokoladenbraun befrackten Kellnern, die einen allerdings erst zu beachten scheinen, wenn man sich geschickt in ihr Blickfeld gedrängelt hat. Der Milchkaffee in silbernen Kannen auf gelackten Tischen für 150 Esc. ist teuer, aber gut – keine Klagen.

Hier sitzen wir nun zwischen den anderen verfrühten Touristen der Vorsaison und der feinen Gesellschaft. Damen in schweren, teuer aussehenden Pelzen, die für die Jahreszeit zwar schon zu warm sind, aber immer noch was hermachen. (Aber kein Vergleich mit den Pelzen Sibiriens!) Wir alle gucken, beobachten, glotzen.

Eine Frau auf dem Gehweg oder besser: auf dem ‚Laufsteg' vor dem Suiça fasziniert mich besonders. „Ach, dann sind Sie also aus Amsterdam!" spricht sie in die Menge. Sie ist adrett gekleidet, mit Namensschild am Mantelrevers, und es scheint, als warte sie auf ihre Reisegruppe. Derweil ruft sie in perfektem Englisch zu einer imaginären Gruppe auf der anderen Seite der Straße. Sie hat wirklich Stil, wenn sie sich auf ihren Stöckelabsätzen dreht und ihren Kugelschreiber so nervös in der Hand flippt, als warte sie ungeduldigst auf ihre nächste Gruppe. Hin und wieder ein Lied. Es stellt sich heraus, sie ist der ‚local fruitcake' (so würden es jedenfalls Australier ausdrücken).

Als sie den Schauplatz, diese Nahtstelle zwischen Luxus und Armut, verläßt, rückt sofort ein Schuhputzer mit einem sehr lauten Kunden nach, der mit einem Radio am Ohr den Wochenend-Fußball kommentiert. Als nächstes fällt mir ein gebeugter, fast zwergenhafter Stadtberber auf, der sich mühsam zum Kleingedruckten eines Zeitungsstandes hochreckt und sich für einen Teil des Kleingedruckten interessiert, den man ihm am allerwenigsten zutrauen würde: den Wirtschaftsteil und die Aktienkurse. Jedoch nur solange, bis er vom Schuhputzer (der allerdings nicht Eigentümer des Standes ist) verjagt wird, weil er angeblich Eselsohren in die Zeitungsseiten knickt.

Die Hierarchie ist offensichtlich. Der Schuhputzer und der Zeitungsverkäufer sind etwa gleich, der Tramp zieht sich in sichere Distanz zurück. Und dann noch ein Gassenkind samt barfüßiger Mutter und kleinem Schwesterchen, das mit seinen winzigen Zeigefingerchen schon mit außergewöhnlicher Treffsicherheit Anspruch auf die gepuderten, cremigen Sahnekuchen auf ‚unserem' Tisch erhebt. Stammgäste und Kellner scheinen diesem Treiben keinerlei Beachtung zu schenken, nur die Touristen haben sich an die Statisten der Armut noch nicht gewöhnt.

25 bis 30 Paar Schuhe täglich poliert der Schuhputzer neben dem Nobelcafé, auch unseren Stiefeln verhilft er für 90 Esc. zu seltenem Glanz. Der Strom der Urlauber hat ihm zu einem bescheidenen Vokabular in drei Touristensprachen verholfen. Bevor er mit schnellen Bewegungen (fast wie ein Maler der Neuen Wilden) die gewünschte Schuhcrème aufträgt, steckt er (wie einen schützen-

Blick über die Alfama

den Kragen) ein paar Pappen zwischen Fuß und Schuh seiner meist zeitunglesenden Klienten. Und mit einem langen, schlagenden Ziehen mit einem Streifen Bettlaken bringt er schließlich höchstmöglichen Schein auf edles Leder.

Natürlich dürfen wir auch Rodriguez, einen dieser allgegenwärtigen Lotterie-Verkäufer, nicht übersehen. Er ist ein *retornado*, einer der halben Million Portugiesen, die nach dem verlorenen Kolonialkrieg aus Angola, Moçambique oder Guinea Bissão zurückkehrten, um sich hier einzureihen in das Heer der Arbeitslosen. Trotz seiner verschwindend geringen Provision, die ihn wohl kaum ernähren kann, strahlt er immer noch ein wenig Zuversicht aus – bei 18 % Arbeitslosigkeit bleibt der trügerische Schein des Glücks ohnehin nur schale Hoffnung derjenigen, die aus dem allzu löchrigen Netz der sozialen Sicherheit gefallen sind.

Mehr ziellos als planvoll streifen wir durch die Innenstadt. Zuerst die Alfama, dann durch die Cidade Baixa, dieses nach dem Erdbeben vom 1. November 1755 geschaffene Schachbrettmuster der ‚Unterstadt'. Mit dem 1901 von einem Ingenieurschüler Gustave Eiffels (in einer Art maurisch-gotisch) gebauten Aufzug fahren wir hinauf zu dem ebenfalls sanierungsbedürftigen Bairro Alto und ihren *miradouros*, den Aussichtsterrassen für die Anbetung dieser verfallenden Schönheit Lisboa.

Die skeletthaften Ruinen des einstigen Klosters und jetzigen Archäologiemuseums *Igreja do Carmo* erinnern auch heute noch eindringlich an dieses katastrophale Beben am Allerheiligen jenes Jahres, das die Portugiesen bis heute nicht überwunden haben. Obwohl lichtdurchflutet, wirkt das gotische Hauptschiff mit seinen ins Leere ragenden, fingerartigen Außenwänden und einigen Bogenpfeilern ein wenig unheimlich.

An einem düsteren Tag glaubt man sogar noch die Schatten der spanischen Inquisition zu erkennen. Mit viel Phantasie gelingt es vielleicht auch, sich die zahllosen Gläubigen vorzustellen, die sich hier am Allerheiligentag 1755 versammelt hatten, als plötzlich die Welt einstürzte. Diese seit Pompeji größte Naturkatastrophe verwandelte die ‚schönste Stadt Europas nach Konstantinopel und Neapel' und ‚lieblichste Prinzessin der Welt' in einen Trümmerhaufen. Durch Immanuel Kant, Philosoph und Reporter seiner Zeit, ging diese Katastrophe, die 70.000 Menschen das Leben gekostet haben soll, sogar in die klassische Literatur ein. Die Stadt brannte und mit ihr auch die königlichen Archive mit den Dokumenten der portugiesischen Entdeckergeschichte.

Wenn die Deutschen von der ‚guten alten Zeit' reden, dann meinen sie meist die *Belle Epoque* um die Jahrhundertwende – die Portugiesen denken an die Zeit vor 1755. Pfeffer und Gewürznelken hatten Portugal unermeßlich reich gemacht. Lissabon galt einst als die wohlhabendste und prächtigste Stadt Europas, aber schon vor dem Erdbeben zehrte das damalige *Lixboa* von der Substanz.

Portugals berühmtester Dichter Luis de Camões, der mit seinem Heldenepos ‚Lusiaden' den Karavellen Vasco da Gamas (den er jedoch auch nur aus den Archiven kannte) folgte, sah diesen Untergang seines Volkes schon klar voraus. Vielleicht starb er, nach dem heute Plätze und Straßen benannt sind, wegen dieser unbequemen Wahrheit so verkannt, arm und elend.

Über *Saudade*, die Sehnsucht, ‚den Hunger eines kleinen Volkes nach Größe', diesen ‚Eintopf der Gefühle', ist schon viel geschrieben worden. Diesem Weltschmerz und der Melancholie über die Tatsache, aus der Höhe der Macht plötzlich in die Grabbelkiste der Geschichte gefallen zu sein, wird man während eines 5-Tage-Urlaubs in Lissabon allerdings kaum begegnen, erst recht nicht in den touristischen Fado-Lokalen.

Regen treibt uns von dem wellenartigen Pflastermuster der Plätze in ein Café. Auch am *Melhor Café da Brasileira do Chiado* ist kaum vorbeizukommen. Eingerahmt von Modegeschäften und Juwelierläden ohne Preisauszeichnung, war es Stammcafé der Literaten. Die geschwungenen Holzrahmen des Eingangs erscheinen fast exotisch, verglichen mit den üblichen Arbeitercafés. Und die raumgroße Glasfassade mit ihren ornamentalen Holzrahmen wirkt von einem der hinteren Plätze des Cafés wie ein riesiger viktorianischer Spiegel.

Neben den Doppeltüren stehen modische Studenten, viele in enges, schwarzes Leder gezwängt. Zur Begrüßung von Freund oder Freundin ein Küßchen auf beide Wangen. Das Café verfügt über wenige, schwer zu bewegende, lederbezogene Holzstühle, kann dafür aber um so besser eine stehende Menge von Kaffeetrinkern aufnehmen. Am soliden Holztresen werden Bicas (‚kleine Schwarze') in winzigen Tassen serviert.

Kaum fünf Minuten von der Rua Garrett und dem Edelcafé entfernt, finden wir eine andere historische Stätte, die Kaserne der PIDE. Als um Mitternacht des 24. April 1974 im Radio das Lied des Aufstandes *Grandòla, vila morena, Terra da fraternidade!* (Grandòla, dunkle Stadt, Ort der Brüderlichkeit...) ertönte, standen sich am nächsten Morgen auf dem Praça do Comércio zwar die Panzer verschiedener Bataillone gegenüber, die einzigen Schüsse der ‚Nelkenrevolution' fielen jedoch später vor dem Hauptquartier der PIDE, der einst gefürchteten Geheimpolizei.

Einst gefürchtet: PIDE-Kaserne in der Rua António Maria Cardoso

Hinter der Fassade eines Stadtpalais versteckt sich der Rossio-Bahnhof

Hier in der Rua Antònio Maria Cardoso starben drei Zivilisten, als letzte Diener des alten ‚Neuen Staats' wahllos aus der Kaserne in die sie belagernde Menge schossen. Was ist übriggeblieben von den Folterwerkzeugen und Einzelzellen, den alten Akten und Dossiers? Im letzten Abendlicht wirkt die Kaserne der PIDE eher antiquiert, vielleicht aber auch nur trügerisch friedlich.

Der Klang des ‚Grandòla, vila morena..', der auch Karl damals so unter die Haut gegangen war, hat seine Wirkung längst verloren. Auch nach der Nelkenrevolution war der den Portugiesen so seltene euphorische Optimismus nur von kurzer Dauer, die Hoffnungen und Versprechungen von damals, an jeder zweiten Hauswand ‚verewigt', sind verblichen.

So flüchten also auch wir uns in die Welt der lukullischen Genüsse. Jeder Reiseführer, selbst schon der ehrwürdige Karl B., empfiehlt einen Besuch im Restaurant *Tavares*. Wir entscheiden uns angesichts unserer noch vollen Reisekasse und als Auftakt unserer Bahnreise für das *Tavares dos Ricos* – das für die Reichen. Nach langem Suchen auf und ab in der Rua Misericordia, entdecken wir es verdunkelt: – geschlossen wegen Renovierung. Also, notgedrungen ins *Tavares dos Pobres* – das für die ‚Armen', aber dünn darf auch hier das Portemonnaie nicht sein.

Eine Gruppe sehr junger Studenten lenkt uns auf eine andere Spur. Fast gegenüber vom Tavares betreten wir durch ein Holzportal ein dunkles und verlassen aussehendes Gebäude. Eine renovierungsbedürftige, ausladend grandiose Holztreppe (die selbst einem Pkw als Auffahrt hätte dienen können) führt uns in den dritten Stock. Kein Schild, nur kulinarischer Lärm, Lachen, das Scheppern von Geschirr und das leichte Klingen von Weingläsern verraten, daß sich hinter schweren Eichentüren eine *Cozinha Regional Portuguesa* eingenistet hat.

Es ist eine gerade neu renovierte, von mächtigen Kronleuchtern fast grell beleuchtete ehemals herrschaftliche Wohnung mit Parkettfußboden und extremer Deckenhöhe. An Tischen mit den obligatorischen Papiertischdecken (hier in Grün) sitzen vor allem Großfamilien und junge Paare. Die Stimmung ist ausgelassen und zuweilen laut, von ‚Saudade' keine Spur. Aus einem der Räume dringt Hausmusik, nebenan spielen Männer im Gesellschaftsanzug Pool-Billard.

Restaurante da Casa de Tràs os Montes e Lato Douro lesen wir auf der Speisekarte. Sie steckt in einem Plastikordner, der einem Jumbo-Kreditkartenhalter nicht unähnlich ist, gespickt mit Weinen und Delikatessen aus Portugals nördlichen Provinzen. Delikate schwarze Oliven kommen als Appetitanreger mit knusprigem Weißbrot. Unsere Tischnachbarn, die Studenten, wählen ‚Naco a vila Real', Schweinenacken, und ‚Rojões', gebratene Schweineschnitten, Spezialitäten der Region, die auf ovalen Silberplatten serviert werden.

Dazu gibt's natürlich *Vino Verde*, ‚grünen' Wein. Der Vino Verde ist allerdings nicht grün, es könnte auch ein roter ‚Vino Verde' sein. Das Grün weist nur darauf hin, daß seine Trauben vor der Reife geerntet wurden. Das macht ihn so alkoholarm (weil noch zuckerarm) und ein wenig spritzig moussierend. Die Gemüsesuppe Caldo Verde ist tatsächlich grün. In ihr schwimmen zwischen fein passierten Kartoffeln dünne Spinat- oder Kohlstreifen, obenauf ein paar Scheiben Knoblauchwurst und quasi als ‚i-Punkt' ein dicker Tropfen frisches Olivenöl.

Lissabons schönster Bahnhof, die *Estacão do Rossio*, um 1890 gebaut, liegt mitten im Zentrum. Noch heute werden die Züge durch einen kilometerlangen Tunnel unmittelbar ins Herz der Stadt geführt, nur eine Seitenstraße vom Rossio entfernt. In diesem ‚Stadtpalais' scheinen die Portugiesen alles an Stilrichtungen zusammengeworfen zu haben, was ihnen auf ihren Reisen in ferne Länder begegnete: Maurisches, Indisches, Gotisches, Seegetier im Stil des Manuelismus (einer Portugal eigenen Mixtur von Hochgotik und Frührenaissance). Aber hinter der verspielten Fassade mit ihren hohen, einem Fischkörper nachempfundenen Fensterformen versteckt sich nur ein ordinärer, dreigeschossiger Bahnhof.

Hier, am Beginn der 90 Meter breiten *Avenida da Liberdade*, in der Nähe der Luxushotels und nahe dem Hafen, endete einst der legendäre Süd-Expreß. Denn die Piers der großen Überseelinien (neben anderen die Hamburg-Amerika-Linie und die Oldenburg-Portugiesische Dampfschiffahrtsreederei) waren das Ziel der ersten Liegewagen von London und Paris nach Lissabon. Die erlauchten Herrschaften ersparten sich nicht nur das (mit zig Holzkoffern und Hutschachteln trotz Trägern) lästige Umsteigen. Sie sparten auch drei Tage Zeit, wenn sie statt in Le Havre oder Southampton hier am Rio Tejo an Bord der Luxusliner nach Kapstadt, Rio und Buenos Aires gingen.

Heute hat die *Estacão Apolonia*, damals ein Nebenbahnhof, den *Rossio* zum Provinzbahn-

Fassade Bahnhof Rossio

Hallenkonstruktion Rossio

hof degradiert. Im zweiten Geschoss warten zwischen schlanken Gußsäulen Vorstadtzüge – silbern glänzendes, gewelltes Blech mit senffarbenen Dachstreifen.

Eigentlich hätten wir unsere Reise am Turm von Belém beginnen müssen, dem Wachtturm an der Tejo-Mündung, dem ‚Kap Canaveral' des 16. Jahrhunderts, dort wo Vasco da Gama 1497 mit seinen Seglern zu den Grenzen der Weltmeere aufbrach, um sie zu erforschen und vor allem zu erobern. Von den Tausenden wagemutigen Seeleuten, die in das dunkle Unbekannte dieses Weltalls vorstießen, kamen mehr als die Hälfte nicht zurück.

Vielleicht erscheint deshalb das Meer den Portugiesen nicht so wie uns sonnenhungrigen Touristen hell unter greller Sommersonne, sondern als Meer der Finsternis, als *mar tenebroso*. Doch die Globetrotter des Mittelalters fanden schließlich auch den Weg nach Indien, ein Meilenstein zur Entdeckung Macaus, eine Jetfoil-Stunde von Hongkong entfernt: dem Endpunkt unserer Bahnreise.

Etwas spät – und ohne Frühstück – rufen wir das Taxi zum Bahnhof, das uns auf äußerst unverständlichen, verschlungenen Wegen die Alfama hinunter zu den Quais bringt. „Est. St. Apolonia Internacional". Ein letzter Gruß noch an die freundlichen Träger. „Welcher Bahnsteig war das noch?" Der Schaffner grüßt uns mit einem „Queeeckly!", und wir wissen, daß es noch nicht zu spät ist. „Adios Lisboa!" Adios Atlantik – auf geht's nach Osten! 38° 42' nördlicher Breite und 9° 11' westlicher Länge von Greenwich am Atlantik – der westlichste Punkt unserer Eisenbahnreise.

18. 2. – 7.30 Uhr. Unser spanischer Zug Nr. 331 nach Madrid ist ein Kurzzug, ein Triebwagen. Zwei Waggons mit Raucherabteilen 1. und 2. Klasse, einem Nichtraucherwagen und einer Buffet-Bar. Die Sitze scheinen eher für kurzbeinige Portugiesen gedacht als für die lange Amerikanerin neben uns. Der Schaffner ist mit seiner marineblauen Uniform, seiner niedlichen Schirmmütze und seinen blitzenden Knöpfen ein gefundenes Fressen für Karls Kameras – er ist sogar ein wenig stolz.

Zuerst geht die Fahrt nach Norden, Richtung Porto, der zweitgrößten Stadt des Landes. Der Zug fährt durch bis Entroncamento. Vor Abrantes überqueren wir den Tejo. Wir sind in Portugals größter Provinz, *Alentejo*, eben ‚jenseits des Tejo'. Entlang der Strecke in hügeliger Landschaft zahllose Olivenbaumhaine (die mich irgendwie an die Idylle eines romantischen Romans aus der Frauenzeitschrift meiner Mutter erinnern). Ab Ponte de Sòr überwiegen die berühmten Korkeichen mit dunkelrotem, blutendem Stamm.

Schwarzgekleidete Frauen mit Regenschirmen in den Feldern. Und es gibt sogar – unübersehbar für eine Australierin – Eukalyptusbäume. Die Strecke folgt einem kleinen Fluß mit ein paar alten Burgen, auf die unsere freundlichen Nachbarn manchmal begeistert mit dem Finger zeigen. Ansonsten interessieren sie sich mehr für die tiefen Spuren, die eine Überschwemmung in der Landschaft hinterlassen hat. Die Sonne dringt wärmend durch beschlagene Zugfenster.

Castel de Vide

Unser Schaffner ruft den Namen unserer Bahnstation doch erheblich früher aus, als wir es vermutet haben. „Castel de Vide!" Wir sind die einzigen Passagiere, die hier aussteigen. Mittlerweile springe ich schon in so verzweifelter Hast aus jedem Zug, wie ich ihn bestiegen habe, in der Vorahnung vielleicht, daß wir auf dieser längsten Bahnreise sicher ein oder zwei Züge verpassen müssen – nur diesen bitte nicht! Der Schienenbus hält 35 Sekunden, sie reichen gerade noch für ein gehetztes „Obrigada!" und „Adios!"

Castel de Vide, fast Grenzort nach Spanien, 600 Meter ü. d. M., Kurort mit berühmtem Heilwasser, einer Burg, einer Kathedrale und einem kleinen Bahnhof mit wunderbaren *Azulejos*. Die ersten bemalten Fliesen verdanken die Portugiesen übrigens den Arabern. Diese waren allerdings noch mit streng geometrischen und organischen Ornamenten bemalt. Seit dem 17. Jahrhundert schmücken bemalte Fliesen portugiesische Gebäude aller Art, zuerst Kirchen, Paläste und Gutshäuser. Und in diesem Jahrhundert fanden die perspektivischen Bilder von der malerischen Seite Portugals auch ihre Bestimmung in den ‚Kathedralen' und ‚Kapellen' des Technischen Zeitalters, den Bahnhöfen.

Der rundgesichtige Bahnhofsvorsteher ist mindestens ebenso über unsere so plötzliche Ankunft überrascht wie wir. 10.15 Uhr zeigt die runde, bauchige Bahnhofsuhr, die wie immer knapp über portugiesischer Kopfhöhe und in einem leichten Winkel zur Wand hängt. Entlang der Fassade paradieren winzige, ordentliche Zierbüsche in weißen Übertöpfen (mit CP-Initialen) wie bei einem ‚Unser-Bahnhof-muß-schöner-werden'-Wettbewerb.

Der Taxifahrer, den er uns per Telefon vom 5 km entfernten Städtchen ruft, ist ein Neffe des Vorstehers, und er kennt ‚zufällig' auch eine sehr nette Pension – die seiner Schwester. Schon im Auto versucht Karl mit Zeichensprache und einer Art ‚Esperanto' klarzumachen, daß er besonderen Wert auf ein Zimmer mit guter Aussicht legt. Die

Provinzbahnhof mit Azulejos, Castel de Vide, Portugal

Antwort ist unmißverständlich: „Bela vista – não problema!" und wir lachen aufs herzlichste.

Die Aussicht ist dann auch die beste, die man von der Schwester eines vermittelnden Taxifahrers erwarten kann: hinunter auf einen Innenhof, wo sie auch ihre Wäsche aufhängt. Die Familie wohnt im Erdgeschoß, die Gästezimmer befinden sich im Obergeschoß eines Hauses mit Kalksteinmauerwerk. (So wie es Italiener in Australien bauen, bevor sie wohlhabende Unternehmer geworden sind.) Unser Zimmer für 2000 Esc. ist einfach eingerichtet und verfügt über ein Doppelbett mit zwei Wolldecken.

Es ist bitter, bitter kalt hier in Castel de Vide. Eben noch +16 °C in Lissabon, und hier springen die Jungs in die überfrorenen Pfützen. „Ishh, ishh!" rufen sie aufgeregt und meinen ‚bloody cold!'. Ich kann wirklich ehrlich sagen (als würde ich jemals lügen!), daß wir in Castel de Vide den kältesten Tag und die kälteste Nacht unserer ganzen Reise verbracht haben. In Sibirien und Hannover war es, in Celsiusgraden gemessen, sicher kälter, aber in diesem Dorf im Alto Alentejo ist es einfach überall kalt.

Über die Bezeichnung Dorf wären die Bewohner von Castel de Vide sicher nicht erfreut. Eine mächtige Kathedrale beherrscht das Bild der kleinen Stadt, deren weißgetünchte Häuser sich an den maurischen Burgberg schmiegen – einst portugiesische Grenzfestung gegen Spanien. Wuchtig

Jungs auf Marktplatz in Castel de Vide

erhebt sich die weiße Kathedrale auch gegen das kleine Rathaus und die nackten Laubbäume des Platzes. Die Stadt ist makellos sauber, und die Straßenfeger, die wir sehen, haben kaum noch Arbeit. In vierzehn Tagen beginnt die neue Touristensaison.

Die Frauen in Schwarz scheinen nie stillzustehen und sich wie auf Rädern zu bewegen, wenn sie mit ihren abgegriffenen, rosa oder grünen Plastikeinkaufstüten die gewaltigen Kirchenmauern entlanglaufen. Ihre schwarzen Schals haben sie wie schwere Bettücher gegen die Kälte um den Kopf geschlungen. Die Männer hingegen scheinen sich der Kirchenmauer verschrieben zu haben. Von weitem sehen sie mit ihren weiten schwarzen Hosen, übergroßen Schuhen, dunklen Mänteln vor der mächtigen gleißendhellen Fassade wie winzige Puppen aus. Sie sind wohl alle um die 70 Jahre alt, ein wenig auf einen Stock gestützt und an die Mauer angelehnt, saugen sie die erste Sonnenwärme des Jahres auf wie schwarze Kater.

Der Duft von Olivenöl dringt aus den Küchen Castel de Vides. Da es am Platz selbst nichts kulinarisch Brauchbares zu geben scheint, flüchten wir uns in ein kleines Familienrestaurant in einer Nebenstraße. Statt Caldo Verde wählen wir Fischsuppe. In einem Land der Fischer mit 600 Kilometer Küste ist die *Caldeirada*, ein Fischeintopf, fast obligatorisch. Es ist eine Art portugiesische ‚Bouillabaisse', allerdings eine dicke Suppe, ursprünglich mit den Resten gekocht bzw. mit den Fischen, die mangels Ästhetik nicht auf dem Essensteller landen dürfen.

Als Hauptgericht gibt's ‚Pescadinas Fritas' (230 esc.), Fische mit ihrem Schwanz im Maul drapiert. Ein anderes nationales Fischgericht ist der Stock- oder Klippfisch: *bacalhão*. Früher soll diese luftgetrocknete ‚Fischkonserve' für 99 Zubereitungsarten allgegenwärtig die Türen der Gemischtwarengeschäfte geziert haben. Heute hat der Dosenfisch, allen voran die berühmte Ölsardine, seinen Platz (in den Regalen) eingenommen.

Zurück in der Pension. Der winzige Elektrospiralheizkörper gleich neben dem Lichtschalter an der Tür sollte unser Fernseher werden, den wir die ganze Nacht nicht aus den Augen lassen. Eine Blechbüchse mit den Ausmaßen eines Kleinfamilien-Toasters, gerade groß genug, um dem An/Aus-Schalter einen gebührenden Platz zu geben. Dieser ‚Heizkörper' scheint eigentlich eher aus Verlegenheit als vor Hitze zu glühen. Und dann – als könnte sie unsere Gedanken lesen – schaltet sich die kleine Kiste auch immer wieder von selbst ab. Wer war der Erfinder dieser Fußheizung für Kanarienvögel? Bei genauerem Hinsehen entdecke ich einen Schalter ‚Hoch/Niedrig', bevor ich verzweifelt ein dokumentarisches Foto schieße (das leider mißlingt). Nun weiß ich nicht, ob ich wegen der Kälte oder dem feinen ‚Ting' dieses hinterhältigen Thermostats nicht schlafen kann.

19.2. – Ein strahlend kalter Morgen. Unweigerlich – obwohl doch so verschieden – muß ich an die Gebirgswelt Nepals denken. Die weite, kristallklare Sicht über die Landschaft des Alto Alentejo, Rauhreif über den Feldern, bellende Hunde, das Krähen der Hähne und der anheimelnde Geruch von Holzfeuer. In der Ferne die schneebedeckten Gipfel der *Sierra de San Pedro*.

Kathedrale, Castel de Vide

Unfehlbar führt uns die Bahn auch durch die Hinterhöfe der Städte

im Rápido

10.15 Uhr – Wir springen (mit einer Flasche zehn Jahre alten Portweins im Gepäck) in den gleichen Zug Richtung Spanien, dem wir gestern so überstürzt entstiegen waren. Die nächste Station ist der Grenzbahnhof: Marvão-Beira, mit noch schöneren Azulejos als in Castel de Vide.

Paßkontrolle! Die Portugiesen in Marineblau, auf spanischer Seite, in Valencia de Alcantara, dominiert Militärpolizeistil in Grün und schwarzen Stiefeln. Uns Sitzenden baumeln die Pistolen der Kontrolleure bedrohlich in Augenhöhe. Ohne uns zu beachten, greifen sie sofort in Karls Kameratasche, als würden die Kameras alleine reisen. Dann artikuliert einer von den dreien etwas in fließendem Spanisch, dann: „Eeengleesch?", in einem Ton, als wolle er sagen: Da hab' ich euch endlich!

Gleich hinter dem gold-braun bemützten Kontrolleur steht sein persönlicher Stempelassistent. Alles hat seine Ordnung. Dann plötzlich ein etwas fetter deutscher Schäferhund als Spürhund einiger Uniformierter. Wir hoffen auf etwas Aufregendes à la Agatha Christie – aber es ist nur das Training des Zollhundes.

Hinter der Grenze färbt sich die Erde auch schon rotbraun, das Grün der portugiesischen Landschaft weicht dem Sepiabraun Spaniens. Gestern in den Fernsehnachrichten war sogar Weiß angekündigt worden. Barcelona liegt unter einer Schneedecke, aber über Madrid schweigt sich der Wetterbericht aus. Hier ist es jedenfalls sonnig und der Zug geheizt.

Vor den wenigen kleinen Bahnhöfen stehen unfehlbar die Bahnhofsvorsteher. Fast pathetisch paradieren sie vor ihrem kleinen Reich, um uns mit erhobener roter Signalflagge durchzuwinken. Manchmal warten auch ein paar Kinder am Bahndamm auf das zweimal täglich vorbeiratternde Schienenmonster.

Lunchtime – eine der molligen, uns gegenübersitzenden Frauen fegt mit ihrem Kopftuch die Brotkrumen von ihrem Kleid. Seit einer Stunde schon knabbert und zerrt sie an einem Stück fettigen Fleisch und einem Salatbrötchen, während aus der Richtung ihres Mannes und dessen Plastiktüte verführerisch der Geruch spanischer Paprikawurst, einer *Chorizo*, zu mir herüberzieht.

Die Landschaft wird flacher, die Gleise gerader. Wir haben jetzt jedenfalls das Gefühl, als würde der Rápido nun besser auf die Schienen passen. Das scheint nämlich nicht selbstverständlich, denn die spanische Spur weicht nicht nur um 24 Zentimeter von der europäischen Normalspur ab, sondern auch um 6 Millimeter von der des Nachbarn Portugal.

Entlang der Strecke verwilderte Olivenhaine, Maultiere, Stiere, Ziegen, Störche. Wir erreichen Caceres, von dem wir allerdings nur eine graue Zementstadt mit undefinierbaren Industrieanlagen sehen. Dann Torrijos, ein altes Städtchen, einst Lieblingssitz Peters des Grausamen. Man nähert sich der *Sierra de Gredos*, die stundenlang sichtbar bleibt und mit ihrem gezackten, meist schneebedeckten Kamm malerisch über den Cistusheiden aufsteigt. Das haben wir bei Karl Baedeker abgeschrieben, können es aber auch bestätigen – mit dem Unterschied nur, daß er gen Westen reiste und wir die Sierra schon hinter uns gelassen haben und im weiten Bogen nach Norden, auf Madrid zurollen.

Nichts erinnert an das Spanien der Reiseprospekte, das jährlich mehr als 44 Millionen Urlauber anzieht, 7 Millionen mehr, als das Land Einwohner hat. Noch 1912 war Spanien für Baedeker und die Deutschen kaum bereistes Neuland: „Beide (Portugal und Spanien) sind uns in ihrer Eigenart fremder als alle anderen Kulturländer Europas."

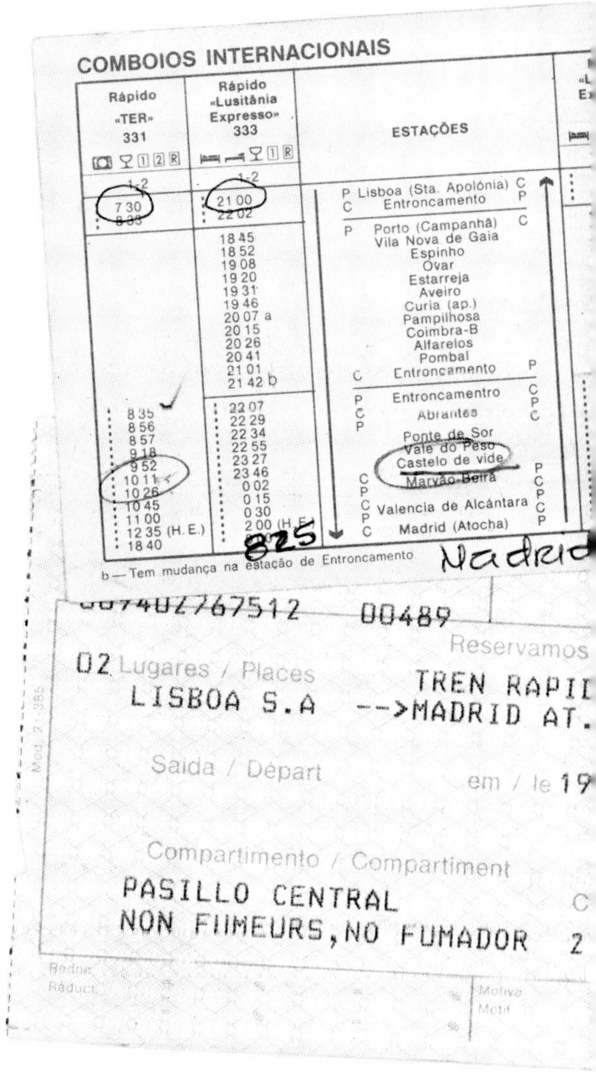

Deutschlands Reiseprophet jener Zeit gab den ersten Reisenden auch ein paar Tips über den ‚Verkehr mit dem Volk' mit auf den Weg: „...erstens, wo es gilt sein Recht zu wahren, Ruhe und Entschiedenheit, aber ohne Schroffheit, die nur die Leidenschaftlichkeit anregt; zweitens auch eine gewisse höfliche Rücksicht auch dem Geringsten gegenüber, der, bei dem in Spanien stark entwickelten Sinn für Gleichheit, immer noch beansprucht, als ‚Caballero' behandelt zu werden."

In einer englischen Fassung von 1908 warnte der gute alte Baedeker sogar noch vor dem Kontakt mit den ärmeren Klassen, die den ersten Touristen auf Schritt und Tritt ihre Dienste als Reiseführer anboten. (Erinnerungen an Reisen in Indien kommen auf.) Er kam aber auch zu folgender Einschätzung: „Dem Spanier der unteren Klassen mangelt es nicht an Nationalstolz, er besitzt auch weit mehr Menschenverstand und eine gesündere Abneigung für ‚Humbug' als seine sogenannten Vorgesetzten." Soweit Baedekers Ratschläge an den Rail-set der Jahrhundertwende und zurück in den Rápido.

Denn schon nähert sich uns der erste spanische Tramp. Mit zu viel Schwung kommt er durch die Tür gestolpert, harmlos vor sich hinmurmelnd, um dann seine Plastiktüten hinterherzubringen. „Firsta tima in Español? Veraa goode?" Irgendwie erinnert er mich an einen sehr nahen Verwandten von Spike Milligan: ein Endvierziger, langer, zerknitterter Mantel, grauweißer Stoppelbart und frisch geöltes Haar.

im leeren Rápido von Lissabon nach Madrid

Der Tramp versucht uns in seinem Barcelona-Englisch von irgend etwas zu überzeugen, jedenfalls – das verstehen wir – war er trotz ordentlicher Papiere nicht nach Portugal (seinem ursprünglichen Reiseziel) reingelassen worden. Nun ist er, vermutlich um dem Schaffner zu entgehen, ständig in Bewegung. Vielleicht lebt er ja in Zügen zwischen Portugal und Madrid.

Hinter Torrijos werden die Olivenbäume spärlicher bis zu einer fast baumlosen Landschaft. Auffallend viele unvollendete Ziegelsteinblocks, rote Ziegel. Ziegelfabriken, die noch mehr Ziegel ausspucken. Lange Reihen von Renaults und Fiats lassen unserem blaugelb gestreiften RENFE-Triebwagen anscheinend geduldig die Vorfahrt.

Die letzten kleinen, weißgetünchten Häuschen, alt und mit windschiefen Ziegeln gedeckt, werden nun verdrängt von ökonomischeren Wohnblocks und Zementfabriken. Dann taucht sogar noch einmal ein alter Mann mit Maultier und Holzpflug neben dem Bahndamm auf. Dann dichtere Besiedlung und Slums. Neben den Bahndämmen liegen keine teuren, filetierten Baugrundstücke. Hier – entlang der Schienenstränge, abseits der Spekulantenwiesen – dürfen Schrott- und Müllplätze, marode Fabriken und billigste Mietsilos ihr Dasein fristen.

Hier ballen sich meist auch die Elendsviertel, in Madrid heißen sie *Chabolas*. Es sind Bretter- und Wellblechbuden, die alle nach der Eine-Nacht-Methode gebaut worden sind. Denn ein Gesetz verbietet noch, Wohnbehausungen, die über ein Dach verfügen, abzureißen. Die Größe einer Chabola richtet sich also nach dem Geschick ihrer Baumeister, in einer dunklen Nacht etwas Bewohnbares zusammenzuzimmern. Mehr als einen

Wohnraum schaffen nur Könner, an Strom, fließendes Wasser oder WC ist gar nicht zu denken. Dafür sind sie aber auch ‚Madrileños‘, einige von 5,5 Millionen in dieser zentralistischen Hauptstadt, deren ‚d‘ am Schluß so wunderbar verschluckt wird.

Madrid

Madrids Bahnhof *Atocha* stammt aus einer Zeit, als Spaniens Schienenverkehr noch in zahllose Privatbahnen mit eigenen Strecken und Bahnhöfen unterteilt war. Mit seinem verglasten, zum Prado ausgerichteten Mittelgiebel liegt der Terminus wie eine Zirkusinsel isoliert zwischen extrem verkehrsreichen Ausfallstraßen. Mit der Stadt scheint er hauptsächlich durch eine Metro-Station verbunden, selbst der Haupteingang ist von der Straße nur über recht enge Treppen nach unten zu erreichen.

Die Fernzüge im Atocha sind frisch gewaschen, gestriegelt und riechen nach Luxus – zumindest, wenn man aus Richtung Portugal kommt. Weibliche Putzkolonnen in grüner Montur, bewaffnet mit Plastiksäcken, Besen und langstieligen Schaufeln fallen über den *Talgo* auf Bahnsteig 5 her. Männer in gelbem Overall waschen die roten Züge auch von außen. Wir können auf saubere Fenster für die Zukunft hoffen.

Die rot-silbernen Talgos reizen das Auge, Karl baut sein Stativ auf und verschwindet binnen Minuten mit einer braununiformierten Sicherheitskraft im Büro der Bahnpolizei: Fotografieren von Bahnhöfen ist nicht nur im Ostblock, sondern auch im westlichen Spanien verboten. Armeen von Soldaten, Polizisten und Privatdetektiven in Phantasieuniform bewachen Atocha.

Ein Typ in schwarz-blauem Trenchcoat, schwarzen Hosen und überpolierten Schuhen stößt mir besonders auf. Vielleicht, weil er so breitbeinig dahergeht, als sitze er im Cowboysattel und hätte zu viele Polizeifilme gesehen. Er kaut sogar Kaugummi, während er alle Vorbeigehenden mißtrauisch beäugt. Sein etwas irritierendes Aussehen wird allerdings durch schicke rote und goldene Rauten auf seinen Achselklappen aufgewertet, die er sicher nicht aus einer Cornflakes-Packung gefischt hat.

Draußen vor dem Eingang zur Metro verkaufen ein paar sehr gerissen aussehende Spanier bündelweise Armbanduhren direkt und frisch von der Hand. Sie scheinen sich um die uniformierten Machos nicht zu kümmern, denn die haben andere Sorgen: Ruhe und Ordnung. Im Hintergrund der Halle plötzlich eine Gruppe von Bahnangestellten mit Transparenten, die wir nicht lesen können.

Bevor wir jemanden nach dem Grund ihres Protestes fragen können, sind die Bahnarbeiter, die doch in gewaltiger Zahl, freilich meist im Verborgenen unsere reibungslose Fahrt nach Hongkong garantieren, auch schon wieder verschwunden. Anstatt ihnen einmal zu danken, klammern sich unsere Gedanken ans Ziel: Hongkong. Bitte, bitte nicht wieder streiken – jedenfalls nicht, solange wir in Spanien sind!

Im fünften Stock eines klassizistischen Eckblocks an der *Plaza de las Cortes* haben wir

Armbanduhren frisch von der Hand, Atocha

ein preiswertes Zimmer für 4.800 Pta (100 Pta = DM 1,42) gefunden. Die Suche nach einer vielversprechenden, von Baedeker empfohlenen Pension (‚Deutsches Damenheim, Frau Pastor Fliedner, Calle del Cid') haben wir als unrealistisch aufgegeben. Unsere Pension ist als Zwei-Sterne-Pension der dritten Kategorie ausgewiesen.

Unglücklicherweise liegt sie in einer feinen Geschäftsgegend, nicht weit vom *Plaza de Cibeles* und jener ‚schönsten Post der Welt' im Zuckerbäckerstil. Massive Sandsteinbauten mit bombastischen Streitwagenstatuen und fliegenden Pferden beherrschen das Bankenviertel, ansonsten ist es kalt und leblos. Nur in einigen Seitengassen hinter den Fassaden gibt es ein paar Cafés, Paella-Restaurants, Bars, Kioske und interessante Typen, die Lotterietickets und Tempos verkaufen.

Die Dusche in unserem ‚Zimmer mit Dusche' sitzt sehr wörtlich genommen in einer Ecke gleich neben dem Doppelbett, dessen Überzug mich stark an das erinnert, was ich mir unter einem Flamenco-Kleid vorstelle: rot-orange gerüscht. Die Tapete im fernsehlosen Gastzimmer ist mit einer auf- und abschwellenden erotisch-geometrischen Abstraktion gemustert, die Matratzen sind allerdings unakzeptabel. Regel Nr. 1 bei der Zimmersuche: Teste ein Bett mit mindestens zwei Personen, bevor du einziehst. Spanische Paare müssen sich wohl mit einem schmalen Streifen in der Bettmitte begnügen. Der Rand bleibt ungenutzt, es sei denn, zum gelegentlichen Zubinden der Schnürsenkel.

im Wettstreit mit den Covergirls, Madrid

Freitag, der 20. 2. Wir sitzen im Ritz. Fünf Sterne – oder so! Zu Zeiten Baedekers stieg hier der Rail-Set der ‚Roaring Twenties' ab, die Fernreisenden der Luxuszüge, deren Spuren wir – wenn auch ‚sternenlos' – folgen. Wir dürfen auch nur in den Salon, denn Männer ohne Anzug und Krawatte sind in der großen Coffee Lounge nicht zugelassen. Wir sitzen dort, wo all die krawattenlosen Touristen sitzen, um die ‚mit' nicht zu stören.

Es hatte schon verräterisch damit angefangen, daß ich falsch herum in die große Drehtür lief. Von da an schien die Rezeption gewarnt und die Kellner ängstlich darauf bedacht, daß ich nur ja keine Porzellantasse fallen lasse oder gar einen silbernen Löffel stehle. Nur keine Angst, ich sammle nur Airline-Besteck! – Und Australierinnen aus dem Busch und Deutsche aus der Eifel wissen ohnehin nichts über Drehtüren und den richtigen Umgang mit Silberbesteck.

Auch ‚unser' Salon ist unglaublich schwer dekoriert, ausgelegt, ledergeprägt, bestickt, eingelegt – kurz, ein ‚Wahnsinn' an Arbeit. Erschöpft sinken wir in zwei Brokat-Lehnsessel, um auf dem kleinen Marmorbeistelltisch aus unserem schon recht abgegriffenen ‚Thomas Cook's Continental Timetable' den günstigsten Talgo nach San Sebastián herauszusuchen.

Der ausgesprochen gut aussehende Kellner im Schwalbenschwanz und mit Linnenserviette über'm befrackten Arm schüttet den heißen Kaffee mit Könnerschwung aus einer schweren silbernen Kaffeekanne. Höhepunkt des Rituals ist die Präsentation der Zuckerdose mit omoweißen Zuckerwürfeln, die er geschickt mit einer zierlichen Zange in unsere Tassen lanciert. Die Dose selbst thront auf einer quadratisch gefalteten

Bahnhof Madrid Atocha, Gewerkschaftsdemonstration

Serviette – aber die beiden rosafarbenen Packungen Diabetikerzucker sind wirklich ein unverzeihlicher Stilbruch. Die Kaffeekanne wird wieder weggetragen, die Milchkanne darf bleiben. Hoffentlich verlieren wir nicht auch die Zuckerdose, denke ich, als er zögert, um sie dann doch zur Erbauung der glücklichen Touristen stehen zu lassen.

Ein Ritz verläßt man nicht, ohne seine Toiletten gesehen zu haben. Toiletten sind für durch fremde Städte streunende Touristen ohnehin Mangelware. Natürlich alles Marmor mit Messingarmaturen und Bergen von schwerem Leinen für all die schmutzigen Reichen. Und jede Menge Spiegel. Schließlich finde ich auch die eigentliche Toilettentür, die einen Raum von einem Viertel unseres Hotelzimmers erschließt. Ich suche nach dem goldenen ‚R' auf der Papierrolle, aber das geht doch zu weit.

Nur ein paar Straßen weiter in Richtung Altstadt, in der Calle de Isabella, vorbei an Autos mit kettenschloßgesicherten Lenkrädern (die teilweise sicher wertvoller sind als die arg ramponierten Karossen), stoßen wir auf das Restaurant *Los Angelos*, dessen Auslage durch gefärbte Orangen und Paprika auffällt. Der Zufall will es, daß just in dem Augenblick, als Karl das Los Angelos ablichtet, ein Bilderbuch-Spanier mit Baskenmütze aus dem Lokal tritt und uns sogleich mit langen spanischen Bandwurmsätzen einwickelt. Er gehört zu der seltenen Sorte von Menschen, die einfach in ihrer Sprache weitersprechen, wohlwissend, daß die Angesprochenen ihrer nicht mächtig sind. Dafür ist Eduardo Brunos dramatische Gestik unmißverständlich. Eduardo, 82 Jahre, echter Madrileño und ‚solo'.

Während Karl um ihn herumspringt, um etwas von seiner Mimik auf Film zu bannen, erzähle ich ihm, daß Karl, astrologisch gesprochen, ein ‚Toro' sei. Das bringt Eduardo auf volle Touren, er schwingt seine

winterverpackten Hüften, hebt seine Stimme wie ein rotes Tuch. ‚Wahre *madrileños castizos* sind rar geworden.' Seine Stimme klingt pathetisch, er weiß um seine Rarität.

Warum nicht auf einen Kaffee in die *Bar Dimo* zwei Türen weiter? Keine Stühle, nur eine lange Stehtheke. (Nur Touristen mit müden Beinen brauchen Stühle!) Wir trinken einen *café con leche*, Eduardo eine kleine Tasse schwarzen Kaffee mit etwa der gleichen Menge Zucker wie Kaffeesud. Er offeriert uns sogar einen Teelöffel voll davon. Er ist nicht nur süß und lecker – einfach: ‚Delicioso!'

Dann spannt er gar seine Armmuskeln an, um zu demonstrieren, was das für ein ziemlich aberwitziges, atemberaubendes Gebräu ist. Aber nicht genug damit. Er besteht auf etwas ‚Stärkerem'. „Tres ponches!" und Bang! Bang! Bang!, schon stehen die Likörgläser auf dem Tresen.

Eduardo hatte nicht nur ein vorzügliches Sonntagsmahl, sondern auch schon eine gute, die Sinne beflügelnde Flasche Wein intus. Und nun zeichnet er reichlich Kurven in die Luft, denn das Thema dreht sich um ihn und seine Freunde (‚dirty old boys'), die noch immer jungen Mädchen hinterhersehen. Und dieser Likör! Er leckt sich die Lippen, schlürft, ein *Salud!*, dann verdreht er die Augen, als sei er schon im Paradies.

Den Köstlichkeiten unter der Glasvitrine, den ‚Tapas', ist einfach nicht zu widerstehen: fritierte Tintenfische in Zitronensaft, Champignons in Öl, in Speck eingewickelte Bananen oder Miesmuscheln. Eine Kleinigkeit köstlicher als die andere. *Tapa* heißt ‚Deckel' und meint die über den Alkoholspiegel des Magens gestülpte ‚Haube' einer olivenölgetränkten Delikatesse. Sie sind so gut, daß wir das geplante Mittagessen im Restaurant auf den Abend verschieben.

„Darf ich vorstellen? - Eduardo.

Wie soll es einem mit 82 schon gehen?

Wer will schon zu Hause versauern?

Echte Madrileños sind selten geworden!"

Wir trinken, probieren, sprechen von seiner Arbeit (er war einmal Journalist einer liberalen Tageszeitung). Dann von Frieden und Freunden, von der spanischen Seele und ‚Arabern', Pferden. Diese Schwäche für Pferde, für Uniformen und bunte Fahnen haben die Spanier von den Arabern, die sie Mauren, ‚Braune', nannten.

Die Spanier sind ja Kinder sehr unterschiedlicher Kulturen, die auf iberischem Boden aufeinandertrafen. Die Welten des Abend- und Morgenlandes, Orientalisches und die Bräuche der Westgoten verschmolzen hier. Nicht zu vergessen die Römer, die ganz Spanien (außer dem Baskenland) unterwarfen und romanisierten. Herausgekommen ist dabei eine Art Pidgin-Latein, eben das Spanisch, das so wundervoll verschluckt und betont.

Solche Ausflüge in die Geschichte wären natürlich ohne die englisch-französische Hilfe Arturos, des studierten Kellners hinter der Theke unmöglich gewesen. Pidgin-Latein beherrschen wir nicht. Besitzer und Kellner, Vater und Sohn der Bar Dimo sind Eduardos Freunde. ‚Amigos!' – welche Wortbedeutung! Seine rechte Faust verkrallt sich mit seiner Linken wie zum ewigen Bündnis! Und wenn ich „Gracias amigo!" stammele, dann wächst er jedesmal über seine Größe hinaus. „Amigos – no gracias! – Das ist mir eine Ehre!" oder so ähnlich lautete dann seine Antwort.

Wir lachen, tanzen und zum Abschluß erzählt Eduardo sogar noch einen besonders schmutzigen Witz mit seinen musikalischen Hüften, den wir allerdings zugegebenermaßen im Detail nicht so ganz verstehen. „Adios, amigos! Mañana?" Morgen? Oder ein Wiedersehen im nächsten Jahr? Wer weiß? Für einen 82jährigen gibt es immer nur ein heute. Er reicht Toro zum Abschied die Hand, für mich gibt's noch einen letzten, heißen Handkuß des Madrileño Eduardo.

Nach langem Stadtstreichen entlang der leicht geschwungenen *Grand Via* mit ihren betont feinen Modesalons, aber auch täglich 220.000 Autos, erreichen wir den Verkehrsknotenpunkt der Stadt, die *Porta del Sol* (mit Kilometerstein 0 des zentralistisch regierten

Kleine Wegzehrung

Spanien). Nicht weit von der *Plaza Major*, ein von 136 viergeschossigen Wohnhäusern eingerahmter Platz, der neben dem Prado der Touristenmagnet Madrids ist. Einst Schauplatz für Prozessionen zur Heiligsprechung systemkonformer Heiliger, Arena für Stierkämpfe und blutiger Schauplatz der Zeremonien der Autodafé, jenen volksfestartigen Ketzerverbrennungen der ‚Katholischen Inquisition'.

Heute geht es hier, gottlob!, friedlicher zu. Höchstens mal eine Demonstration, und am Sonntag versammeln sich zwischen den Arkaden die friedlichsten aller Sammler, die Philatelisten mit bunt eingeschlagenen Briefmarkenalben – in der Hoffnung, ein ‚Schnäppchen' zu machen.

Am späten Abend wagen wir uns in ein Café der Kunst-Szene in der Nähe unseres Hotels. Zwei überdimensionale Finger, die sich werbewirksam aus dem Asphalt des Gehsteiges drücken, haben uns in die ‚Real Academia de Bellas Artes' gelockt. Sie hat zwar 1902 einen beträchtlichen Teil ihrer Kunstsammlung an den Prado abgegeben, beherbergt jedoch immer noch berühmte Gemälde von Murillo, Goya und Ribera. Im Seitenfoyer der Akademie herrscht heute – vor allem nachts – eine rauchige Fellini-Film-Atmosphäre. Raumhohe Fenster bis zur bemalten Decke. Von den ionischen Kapitellen herab schweben Engel, Putten und andere Copiloten der Kunst über quadratische Marmortische mit schweren, schwarzen Beinen und über blaßbraun gestrichenem Möbel.

Die Szene wird beherrscht von jungen Kunststudenten in allen Variationen von Schwarz, aber ansonsten nicht superausgefallen gekleidet. An unserem Nachbartisch sitzt, unter einem vibrierend violetten Turban, eine unübersehbar bemerkenswerte, besondere Frau mit so dick aufgetragener Wimperntusche, daß ihr Gewicht Muskeln in den Augenlidern bilden muß. Ihre gealterten, aber schönen, ausdrucksstarken Hände tragen enorme Ringe und millimeterdicken roten Nagellack. Sie war einmal wer und ist immer noch wer. Wer aber? Das versuchen alle Vorbeigehenden zu erraten. Sie könnte

Pescado frito, San Sebastián

portugiesische Caldo Verde

Hotelzimmerfrühstück in Paris

Königsberger Klopse, Berlin-DDR

einmal diese nackte Schönheit gewesen sein, die es sich, in weißem Marmor erstarrt, in wartender Wollust inmitten der meist jungen Trendies bequem gemacht hat.

Sonntag. Stehfrühstück in einer *Tasco*, einer durch Neonleuchten fast grell ausgeleuchteten Stehkneipe gegenüber vom Bahnhof Atocha. Das Frühstück besteht aus *Churros*, einer Art Fettgebäck, Spritzkuchenkringel, die wir wie alle hier in eine Tasse heiße Schokolade tauchen.

Schokolade! Hernan Cortéz, spanischer Eroberer und Mörder Montezumas, brachte 1528 die ersten Kakaobohnen zurück nach Spanien an den Hof Karls V. Es war wohl weniger der kräftige, bittere Geschmack, der den goldversessenen Cortéz beeindruckte. Es war vielmehr die Tatsache, daß das Goldgeschirr, in dem das Schokoladengetränk am Hof des Aztekenherrschers serviert wurde, nach Genuß einfach fortgeworfen wurde. Für nahezu ein Jahrhundert behielten die Spanier ihr Schokoladengeheimnis für sich. Erst zu Beginn des 17. Jahrhunderts begann der süße Traum seinen Siegeszug durch Europa und über den Erdball.

Manuel, der Barmann, entpuppt sich als Ex-Hildesheimer, 15 Jahre bei Blaupunkt. Eine schöne Zeit, meint er. Eine Krankheit seiner Frau zwang die Familie jedoch zurück in diese europäische Hochburg der Arbeitslosigkeit, in der er froh sein kann, überhaupt eine Arbeit wie diese in einer Stehkneipe gefunden zu haben. Seit fünf Jahren arbeitet er sechs Tage die Woche in zwei Schichten, 12–14 Stunden täglich, um seine Familie über Wasser zu halten. Tiefe, dunkle Ringe zeichnen seine Augen, aber das Lachen eines Spaniers hat er nicht verloren.

Am nächsten Morgen per Bus entlang der Prachtstraße *Paseo de Recoletos*: lange Baumreihen, Ministerien, gläserne Büro-

Café in der Academia Bellas Artes

Frühstück in Madrid: heiße Schokolade und Spritzkuchenkringel

Ein spanischer Stationschef,

sein portügiesischer Kollege,

der Chef des Intercity ‚Parsifal'

und sein Kollege vom ‚Talgó'.

paläste, überdimensionale Plätze. Bis etwa zehn Minuten vom Prado entfernt reichen die Fassaden des Reichtums und der Macht mit ihren hohen Mauern, vergitterten Fenstern und allgegenwärtigen Sicherheitsbeamten. Dann beginnen die Vororte, bieder, zuweilen auch schon im Stadium des Verfalls, und mitten in den Vororten *Chamartin*, Madrids vorläufiger ‚Superbahnhof', der vor allem durch sein kamelhöckerähnliches, rotes Dach auffällt.

Innen ähnelt dieser Bahnhofskoloß eher der Miniversion eines Flughafens mit gewaltigen elektronischen Anzeigetafeln, Einkaufsarkaden, zahllosen Rolltreppen und dimensionslosen Korridoren, in denen Blaumänner zwischen leeren Abfallkörben fegen. Bahnhof total – einfach nur riesig und leer, eine Nummer zu groß.

im Talgo

23. Februar – 15.15 Uhr Abfahrt von Chamartin mit *Talgo 201*. Voraussichtliche Ankunft in San Sebastián 21.18 Uhr. Wir haben uns einen Talgo Richtung Norden aus dem Fahrplan gesucht, denn noch auf dem Bahnhof Atocha erschienen uns die blutroten Gliederzüge mit ihren runden Toiletten- und Türfenstern superelegant und als Inbegriff einer futuristischen Bahn. Der Talgo, Kind spanisch-amerikanischer Zusammenarbeit, besteht aus vielen kurzen Gliedern, die nach dem Vorbild einer Raupe aneinandergekoppelt sind – ideal für die kurvenreichen Strecken der Iberischen Halbinsel.

Obwohl mit viel Vorschußlorbeeren bedacht, setzte sich dieser Gliederzug in anderen Ländern nie durch. Vielleicht, weil die von außen revolutionären Züge innen eher ernüchternd unbequem und bieder sind. „Was kann man von einem Personenzug schon erwarten?" fragt Karl desillusioniert. Nicht mal einen Speisewagen gibt's. Aber das hätten wir auch schon aus *Thomas Cook's Continental Timetable* herausfinden können. Die superbreiten Türen schließen auch nicht automatisch und öffnen dem Zugstreicher allzuleicht den Weg aus dem sich in engen Kurven schüttelnden Gliedertier.

Wir durchfahren eine bizarre Italo-Western-Landschaft mit verwitterten Findlingen und Felsformationen, wo sich Rothäute vor Weißhäuten mit Flinte verstecken könnten. Mehr Steinmauern, ein paar Dörfer mit Mönch-und-Nonne-Dachdeckung. Auch hier unvollendete Zementblocks, ansonsten Buschwerk und Felsen. Dann kommen wir recht nah an das schneebedeckte Gebirge heran, die *Sierra de Guadarrama*.

16.50 Uhr erreichen wir Campo San Pedro, das nicht einmal Erwähnung auf unserer Landkarte findet. „Wildes Land", murmelt Karl verträumt über die steinige, abweisende, karge Landschaft, die wir nur zu sehen bekommen, weil irgend jemand mal entschieden hatte, hier eine Eisenbahnstrecke zu bauen. Ein Dorf in einem kleinen Flußtal ist aus Steinen errichtet, von der Farbe der Erde. Es versteckt sich wie ein Chamäleon – nur der Kirchturm verrät es. Die weite Landschaft

Café Bar im Talgo nach San Sebastián.

Mit seinen runden Fenstern wirkt der Talgo avantgardistisch...

scheint wie geschaffen für eine Eisenbahnfahrt und schläfert alle ein. Falls die Realität vor dem Fenster nicht erwünscht ist, zeigt das Bahn-Video die großen Städte Europas, namentlich Paris.

17.00 Uhr – Wir entscheiden uns für den Film draußen: die einförmige, nordkastilische Hochebene, dann plötzlich ein großer Cañon. Verdammt, wo ist die Kamera? Schon wieder ein Tunnel und alles ist vorüber. Jetzt wird es wirklich karg. Ein Dorf wie aus grauer, ausgeschnittener Pappe inmitten langer Pappelreihen. Keine Balkone, keine Dachvorsprünge, einfach nur flache designlose Kisten. Ich sehe auch keine Straßen – nur ein wenig Landwirtschaft, Felder mit erstem Frühjahrsgrün und Bauernhäuser.

18.15 Uhr Burgos, ausgesprochen mit vielen ‚Rrrrrs', klingt wie ein Drink für harte Männer. Aber auch das ‚g' darf nicht vergessen werden, weil ‚Burros' nur ein schmutziges Lachen hervorruft – wird mir (ohne Auflösung des Rätsels) erzählt. Was wissen wir über Burgos? Burgos „liegt inmitten der einförmigen nordkastilischen Hochebene in dem scharf eingeschnittenen Tal des meist unbedeutenden, aber wegen seiner Überschwemmungen gefürchteten Arlanzón", schreibt Baedeker. El Cid stammte von hier, und in der Zeit nach Baedeker saßen in den Gefängnissen von Burgos die politischen Gegner Francos ihre absurd hohen Freiheitsstrafen ab – diejenigen jedenfalls, die nicht umgebracht worden waren.

innen ist es eher bieder und nüchtern.

Hinter Burgos sind die Felder nun frisch gepflügt, manchmal sogar schon ein Hauch von frischem Grün zwischen kleinen Schneefeldern. Die Dächer der meisten Häuser sind noch schneebedeckt – die Gegend um Burgos gilt als der Kältepol Spaniens. Es wird Nacht, zuweilen wieder ein paar laublose Pappeln an der Strecke und nun größere Ortschaften mit langen Reihen orangefarbener Straßenlaternen im Nebel.

19 Uhr – der Talgo bremst hinunter nach Mirando de Ebro, als hätte er ein paar platte Reifen. In der Dunkelheit rollen wir weiter durch *Euskadi*, das Land der Basken, die sich stolz das älteste Volk Europas nennen und als Abkömmlinge der alten Etrusker gelten. Sie sprechen nicht nur eine einzigartige Sprache, sie sollen sogar eine eigene Blutgruppe haben, sind sehr religiös, aber auch sehr militant – nun muß ich unwillkürlich an gesprengte Bahngleise denken.

San Sebastián

Nach 22 Uhr Ankunft in San Sebastián, baskisch *Ponostiya*, Spaniens berühmtes Seebad. Seine breiten Sandstrände und Promenaden liegen an der *La Concha*, einer muschelförmigen Bucht, die zum Atlantik hin durch zwei Berge und die Insel *Santa Clara* geschützt ist. Nach einem Telefongespräch mit der Nachricht ‚cuarto libre' erreichen wir am späten Abend das uns im modernen Reiseführer als ‚nett möbliert' empfohlene Hostal. Der Taxifahrer scheint zwar eine Sekunde lang zu zögern, als wir ihm die Adresse an der Gran Bairra nennen. Aber aufgrund Karls tiefem Mißtrauen in Taxifahrerempfehlungen schenken wir diesem kurzen Zögern keine weitere Beachtung.

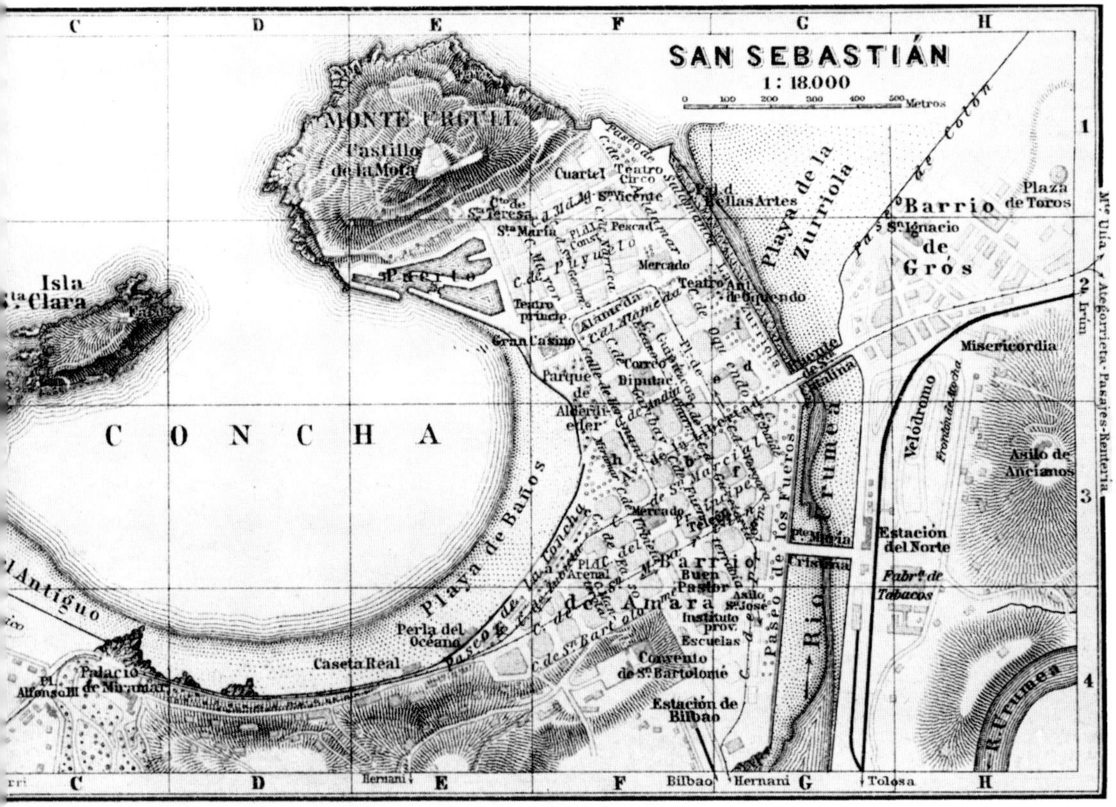

Die Pension liegt in einer kleinen Seitengasse, in einem ‚el típico'-Mietshaus mit Fischrestaurant im Erdgeschoß. Nach langem Klingeln öffnet sich plötzlich ruckartig die Tür direkt in das Gebiß eines hechelnden Boxers, dessen etwas aus der Fasson geratenes Beißwerkzeug die Fänge des vorstehenden Unterkiefers zur Ansicht freigibt.

Am knurrenden Boxer und einer uns mißtrauisch beäugenden alten Dame drängeln wir uns in den Flur des Hostals, einer 6-Zimmer-Wohnung, deren Flur schon eher einem mit Staubfängern vollgestellten Möbellager gleicht. Unser Zimmer zur Straße verfügt über den elementaren Pensionsstandard: zwei Betten mit jeweils zwei Matratzen, ein Waschbecken und ein parellel zur Wand aufgestellter Schrank mit 20 Grad Neigung zur Zimmermitte; der Balkon hat gerade die Tiefe von Schuhgröße 42.

Während der Nacht weckt uns ein lautes rhythmisches Geräusch, über dem wir wieder einschlafen und das wir sicher vergessen hätten, wäre am nächsten Morgen nicht überraschend das Waschbecken trocken geblieben. Karl glaubt schon den ‚Das-Wasser-wird-morgens-immer-abgestellt'-Trick der Wirtin zu kennen und läuft hinaus in die Jagdgründe des Boxers. „No agua?"

Die Wirtin schaute ein wenig schläfrig und öffnete schweigend ihr Schlafzimmer. Im Halbdunkel erkenne ich nur, daß es völlig übermöbliert ist, als nächstes bemerke ich ein schweres Holzkreuz mit bronzenem Christus, dann das Doppelbett, das – o Schreck! – unter zwei Quadratmeter schwerem Kalkputz begraben ist. Der hatte sich während der Nacht aufgrund eines Wasserschadens von der Decke gelöst und die alte Dame fast erschlagen. Da vergißt sogar der Boxer das Knurren. Schweigend weist die alte Dame mit zittrigem Zeigefinger auf die roten und weißen Plastikeimer, mit denen sie die Wasserflut aufzufangen sucht. Dann nach oben zur Decke und zu den blaßblauen Milchglaslampenschalen, die unter dem Gewicht der Wasserlast nach unten streben.

Lampen! Dieses Städtchen an der Biskaya ist eine Stadt der Lampen, die in allen Variationen feinsten Designs vor allem eins präsentieren sollen: San Sebastián ist immer noch Spaniens elegantestes Seebad. Die Lampen sind irgendwie alle ein wenig extravagant, ob nun die an den Strandpromenaden, die Gassenlaternen oder die bombastischen Brückenleuchten über dem Rio Urumea, diese Königinnen aller Laternen – oder sollte ich wegen ihrer fast phallischen Form doch besser von Königen reden? Selbst das Bahnhofscafé hält auf Stil: In diesem Fall sind es moderne und teure italienische Niedervolt-Strahler.

Der Morgenregen hat sich verzogen, die Sonne bricht durch die schweren Wolken vom Atlantik. Sie wärmt überraschend schnell und lockt uns aus der ebenfalls verschnörkelten Markthalle mit ihrem pavillonartigen Dach, unter dem frisches Gemüse, aber vor allem Fleisch und spanische Würste angeboten werden. Gleich um die Ecke ein kleines Kino ‚Petit Casino' mit wunderbaren Jugendstildekorationen, aber ‚Rambo' in der Spätvorstellung.

15.45 Uhr – reichlich spät, entscheiden wir uns für ein Hafenrestaurant, das wir wegen Überfüllung als ‚el típico' einstufen. Wir finden an einem Ecktisch Platz – neben zwei Berlinern! Ansonsten sitzen wir unter einheimischen Touristen. Nur eines haben wir nicht bedacht: Die Speisekarte ist um diese Uhrzeit schon halb leergegessen. Aber auch unsere dritte Wahl, gegrillte Sardinen auf baskische Art und panierte Seezunge sind köstlich und (für uns Touristen) mit wenig Öl zubereitet. Der harmlos aussehende roséfarbene Rotwein wirft uns schon nach zwei Gläsern um.

San Sebastián swings! Ab 17 Uhr, wenn zum Sonnenuntergang auch die Art deco-Lampen der Strandpromenade aufleuchten, füllt sich die tagsüber leere Esplanade mit Leben – meist Familien mit Kindern, jede Menge Rentner, Kindermädchen und auch die Teens und Trendies der Stadt. Nach einem wunderbar warmen Tag sind wieder Mantel, Schal und sogar Handschuhe angebracht.

Die so kunstvoll erleuchtete Esplanade brodelt von spanischem Klatsch und Geschnatter. Die Touristensaison beginnt erst in einigen Wochen, noch gehört die Promenade den Einheimischen. Im Hochsommer, wenn sich San Sebastián in eine heimliche Hauptstadt Spaniens verwandelt, muß es hier fürchterlich sein – oder?

In San Sebastián eine Fahrkarte direkt nach Paris zu kaufen scheint einfach unmöglich, zumindest klappt's weder mit Euroscheck noch mit ‚Plastikgeld'. Wir hätten auf den alten Baedeker hören sollen: „Als Reisegeld (für Spanien und Portugal) eignen sich am besten französische Banknoten oder Gold... Deutsches Geld ist schwer zu verwerten, die Banco de España z. B. wechselt es überhaupt nicht."

Hier gibt's nur die Wahl, 7.200 Pta in bar für den Zug und an der Grenze nochmals 71 Francs für die *Couchette*, den Liegewagenplatz, zu zahlen. In Ermanglung spanischen Bargelds entscheiden wir uns für eine 75-Peseta-Fahrkarte bis zum Grenzort Irun/Hendaye mit Fahrkartenschalter, denn auch 7.200 Pta hätten uns hier, 17 km vor der französischen Grenze, keinen Liegeplatz bis Paris reservieren können.

In Irun werden die durchgehenden Liegewagen von der spanischen Spur befreit und mit Drehgestellen europäischer Normalspur versehen. Das geschieht in einer Halle, die wir allerdings nicht zu sehen bekommen, denn wir haben ja nur bis Irun/Hendaye gelöst und müssen nun raus aus dem warmen Abteil, hinaus auf einen zugigen Bahnsteig, durch eine Unterführung bis zur spanischen Paßkontrolle in die lange Schlange von Algeriern. Der Spanier wühlt sich mit peinlicher Gründlichkeit durch die Handtasche einer Französin und fischt, ja zerrt selbstzufrieden vom Lippenstift bis zum Kondom alles in die Öffentlichkeit, was ihn amüsieren könnte. Seine französischen Kollegen benehmen sich dagegen wie Gentlemen, jedenfalls uns gegenüber – sie haben es auf das Gepäck der Algerier abgesehen.

Ein Uhrenvergleich bringt Hektik ins Spiel. Hinter der Grenze gehen die Uhren eine Stunde vor, und uns bleiben noch 10 Minuten. Wo ist der Fahrkartenschalter? Unterführung runter, irgendwo ein besetzter Schalter, aber die Dame vor uns weiß nicht so recht, ob sie nun Liege- oder Schlafwagen fahren soll. Nun sind wir an der Reihe: *Couchette!* rufen wir dem entnervten Franzosen hastig zu, aber er weiß ohnehin, daß es eilig ist. Liegeplätze sind kein Problem – die algerischen ‚Gastarbeiter' schlafen sitzend am billigsten, und wir Touristen dürfen mit Plastikgeld zahlen.

Das Abteil ist überheizt. Lärmstopper im Ohr, im ständigen Wechsel zwischen Schlaf und traumlosem Wachsein, rollen wir fast ohne Halt bis Paris. Die Hauptstadt, absolutistisch wie sie nun einmal geblieben ist, hat auch das Eisenbahnnetz wie die zentristischen Fäden eines Spinnennetzes über ‚La France' gezogen.

Paris

7.36 Uhr Ankunft im Gare d'Austerlitz, der für die Züge aus Spanien zuständig ist. Von den superschnellen TGV (Train à Grande Vitesse), die mit 380 km/h Höchstgeschwindigkeit die Hauptstadt mit Lyon (der drittgrößten Stadt der Nation) verbinden, keine Spur. Sie starten nur im Gare de Lyon, und im Gare du Nord warten die Eurocity-Züge auf Reisende nach London und Köln.

Die Metro hält im Gare d'Austerlitz ausnahmsweise einmal über den Fernzügen. Unerwartet schießt sie aus einem stählernen Ellipsenbogen, vorbei an der ‚Göttin des Fleißes' auf einer Fachwerkbrücke über die Seine. Umsteigen am Place d'Italie Richtung Montparnasse.

Regen-Rückzug ins Centre Pompidou.

Kannst du den Eiffelturm sehen?

Wir ziehen in ein Mansardenzimmer eines kleinen Hotels in der Rue Delambre. Vom Aufzug ist Zimmer 67 nur über einen schmalen offenen Laufsteg zu erreichen – über den Dächern von Paris. Das Pariser Doppelbett überzeugt mit Matratzen ohne Kuhlen und einem gekräuselten Bettüberwurf in der internationalen Hotelfarbe: Dunkelbraun, damit man den Dreck der Vorgänger nicht bemerkt.

Krank von spanischem Wasser? Oder spanischer Schokolade? Oder Pariser Grippe? Karl belebt mich mit Avocados (4 Stück 10 Frs), Paté d'Auvergne, einem Block frischer Butter und einem Baguette (1,40 Frs). Ich hätte allein schon für deren Duft gezahlt. Eine ‚Le Monde' dient als Tischdecke auf dem wackligen Beistelltisch (Hoteltische wackeln fast immer) in Zimmer 67. Ich esse über den internationalen Kleinanzeigen mit Angeboten für Kleinstwanzen, Privatdetektive und Penthousewohnungen in Athen. Karl sitzt über dem politischen Teil, der eher brisant ist: ein Prozeß gegen den Libanesen Abdallah, der für eine mörderische Bombenserie in Pariser Kaufhäusern verantwortlich sein soll. Das erklärt nun auch das beängstigende Polizeiaufgebot und die leeren Kaufhäuser.

Baguettes! Ich hatte immer geglaubt, daß Baguettes, Croissants und Café au lait romantische Vergangenheit seien – aber sie leben, eine unsterbliche Institution. Ich hätte auch vermutet, daß ökonomische Gesetze die Form der Baguettes (sie ‚Weißbrot' zu nennen grenzt an Beleidigung) für den Ofen des Bäckers und oder den Transport in der Metro handlicher gemacht hatten. Aber ‚form follows (not only) function', sondern auch der Sehnsucht nach einem Maximum an Kruste um einen weichen Kern. Zudem haben die Pariser eine Kunst entwickelt, ihre Baguettes

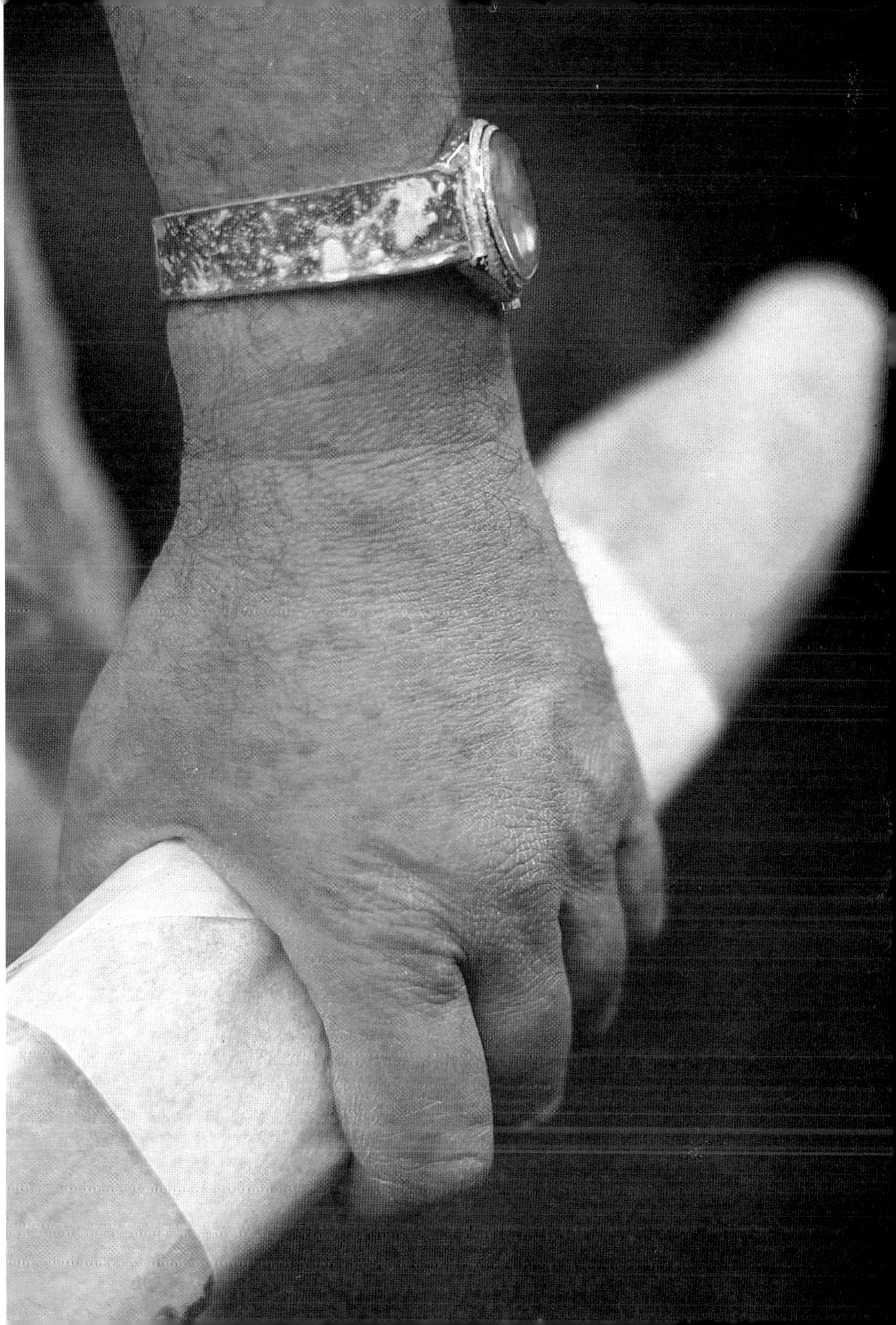

sicher nach Hause zu bringen, ohne daß sie zerdrückt oder aufgeweicht werden.

Ich glaube, einmal gelesen zu haben, daß es in Paris mehr Friedhöfe gibt als Parks. Gleich um die Ecke liegt der Cimetière de Montparnasse. Nicht ganz so berühmt wie der von Montmartre oder Père Lachaise, wo neben den Aufständischen der Pariser Commune auch der eingebildete Kranke Molière, der Dichter Balzac und die Sängerin Edith Piaf ihre verdiente Ruhe gefunden haben.

„Sartre?" fragt der Friedhofswächter von Montparnasse ohne langes Zögern, als wir unentschlossen auf den regennassen Kiesweg treten. „Gleich dahinten rechts, vor der Mauer!" Die beiden Japaner wissen schon, wo's langgeht zu den Gräbern von J. P. Sartre und Simone de Beauvoir. In ihrem Europa-Tourbuch haben sie fein säuberlich die Adresse des Friedhofs und auch einen Lageplan der Gräber festgehalten.

Ein Wetter zum Wegwerfen. Regen. Aber sollten wir uns nicht freuen über Regen in Paris? In dieser Stadt, die mit tausendfach gedruckten Schönwetterbildern schon so viele Postkartenbilder und Klischees in uns gepflanzt hat? Es regnet schließlich drei Tage. (Nach Paris und Köln sollte es dann allerdings erst wieder in Shanghai, der chinesischen Industrie-, Konsum- und Modemetropole, dem einstigen ‚Paris des Ostens', regnen.)

Der Sonntag beginnt mit hoffnungsloser Unentschiedenheit. Wo anfangen in dieser Stadt? Ursula von Kardorfs Reiseführer blättert Paris so breit vor uns auf, daß einem vor lauter Überangebot an Geschichte und Kultur fast schwindelt. Sie führt einen in die Ecken des Grauens, in die kleinen Hotels, wo Oskar Wilde lebte und liebte, in die Lädchen, wo Picasso seiner Geliebten Süßes kaufte, zu den Cafés, wo Sartre und die Beauvoir, ja selbst schon Lenin froren.

Wir beginnen (ohne Abenteuergeist) mit dem Centre Pompidou, diesem Röhrenmonster in der würdigen Tradition des Eiffelturms. Nachdem Gustave Eiffel die der Konstruktion innewohnenden Kräfte offengelegt hatte, kehrten nun die Architekten des *Pompideum* die Innereien, die Gedärme der Architektur, die Klimaanlagen, Fahrstühle, ja selbst den Inhalt, die Kunst, nach außen.

27. Februar – 15.43 Uhr – es ist vollbracht – ich besuchte sie – Mona Lisa – stand vor ihrer Glasvitrine. Nicht einmal reflektionsloses Glas, ein wenig schmutzig ist es sogar und schlecht beleuchtet – so haust sie in ihrer tiefen säure- und bombenfesten Schale. Die Leute wollen sich einfach keine Zeit lassen, drängelnd folgen sie alle den kleinen ‚Mona Lisa'-Hinweisschildern durch die weiten Säle des Louvre. Dann endlich hinter weißer Linie aufgeregtes Gemenge, verzerrte Gesichter, man reckt sich, um vielleicht ein paar Sekunden früher einen Blick zu erhaschen – geschafft! Und dann werden die Gesichter wieder flach.

Nach all den Postkarten, geschmacklosen australischen Zahnpastareklamen, billigen Toilettentürpostern – nun dies. Ihre Kopien sind so überbekannt, daß niemand mehr überschwengliche Begeisterung für das Original zeigen kann oder will. Faszinierender wirkt schon eher ihre Leibwache gegen Terroristen und Blitzlicht-Touristen auf mich.

Madame Vacheret, Café im Gare d'Austerlitz

Leichtes Piano auf Kulinarischen Klaviertasten, Paris

Kaufhaus la Samaritaine – eine alte Konsuminstitution

Sagt man nicht, daß man/frau sich seiner Umwelt anpaßt? Die Wächterin jedenfalls steht in ihrem blauen, louvreverordneten Kleid für nicht weniger als 6 Minuten fast völlig regungslos, wirklich fast ohne Zucken. Sie läßt sich nicht einmal von zwei australischen Landsleuten beeindrucken, die in ihren ‚Rund-um-die-Welt-in-einem-Jahr'-Turnschuhen bis zu der ‚Sieh-sie-dir-an!'-Stelle vorgedrungen sind. Ein silbergrauer Ehemann wagt sogar einen (blitzlosen) Schnappschuß, als seine Silberhochzeitsbraut die Mona prüft – er sucht den direkten Vergleich. Und die gelangweilte Dame in Blau lächelt erst, als sich ihre Ablösung nähert.

Mona verfügt, wenn auch über wenig Sex-Appeal, dennoch über eine geheimnisvolle, magische Kraft, welche ihre Besucher, ihre Voyeure sich noch bis ins Museumscafé bei einem Milchkaffee oder Tee heißreden läßt. War sie nun großartig oder nicht?

Das Großartige des Louvre sind nicht nur seine kostenlosen Toiletten, sondern auch die grenzenlosen Parkettböden zum Rutschen für die Kleinsten, denen die Venus von Milo oder Gemälde von Leonardo da Vinci noch gleichgültig sind.

Nachmittags Besuch in einer alten Konsuminstitution, dem Kaufhaus La Samaritaine in der Rue de la Monnaie. Wir waren eigentlich nur wegen der grandiosen Aussicht von der Panoramaterrasse gekommen, diesem Blick über die Kuppelwelt der Belle Epoque, die grauen Blechdächer, Mansarden (oh, diese Dächer von Paris!), die Kulturmaschine des Centre Pompidou, die Wohnsilos der Vorstädte, die Schornsteine der Kraftwerke – und irgendwo im Nieselregen ist auch der Tour Eiffel zu erkennen. Nur kein Grün. Paris ist, abgesehen von den Friedhöfen, eine graue Stadt.

die Bahnhofsuhr des ehemaligen Gare d'Orsay

Auf dem Weg zurück zu den Citroëns und Straßencafés entdecken wir unter einer scheinbar schwebenden stahlgestützen Glaskuppel eine bizarre Kaufhauswelt. Ganz oben residieren die Direktion und PR-Abteilung in sympathischem Chaos und verwalten das, was es um einen fünfgeschossigen Jugendstil-Lichthof herum alles zu verkaufen gibt. Ganz unten die Kosmetika, dann die Möbel, von französischer Eiche bis zu Avantgarde-Möbel, viel Ramsch, New Wave neben Biedermeier, Unterwäsche, von feinen Dessous bis zu schweren Miedern.

Es ist ein erstaunlich offenes Kaufhaus, angenehm antiquiert, so wie die klassische Firmengeschichte, die im obersten Geschoß in schummrig beleuchteten Vitrinenmodellen demonstriert wird: Der Firmengründer kommt mittellos in die Stadt, findet nach langem Suchen Arbeit, arbeitet natürlich hart, kauft kleine Geschäfte, gründet schließlich ein Kaufhaus und vergißt darüber hinaus die Armen nicht. Das jedenfalls erzählen uns die verstaubten Vitrinen.

Sicher auch ein Beitrag zur *Gloire* der Nation, aber eher ein bescheidener, verglichen mit dem Eiffelturm, der Oper und dem Gare d'Orsay, den mächtigsten Tempeln der Belle Epoque. Jener Zeit zwischen der Völkerschlacht von Leipzig (mit Frankreich als Verlierer) und dem 1. Weltkrieg (mit den Deutschen als Zahlenden). Hoch-Zeit auch für die Reisenden der Fernexpresse, die im Gare d'Orsay die ‚Wagons-Lits' in Richtung Lissabon oder Konstantinopel bestiegen. Ohne Zweifel war es die Zeit, als Gott in Frankreich lebte, und die ‚Kinder' von Karl Marx noch 12–14 Stunden in düsteren Fabrikräumen schufteten.

‚Gloire' der Nation, die Pariser Oper

Der Gare d'Orsay war nie ein ‚ordinärer' Bahnhof gewesen. Wo einst die Hautevolée mit ängstlichem Blick auf die gigantischste aller Bahnhofsuhren mit Trägern und Gepäck im Gefolge zum wartenden Süd-Expreß eilte, drängeln sich heute täglich Abertausende von Kunstfreunden und Selbstdarstellern in Pariser Chic oder Turnschuhen zwischen protzigen, postmodernen Marmorscheiben und Kunstobjekten des 19. Jahrhunderts.

Regen. Wir tauchen in die Metro. Sie ist für einen Vier-Tage-Touristen unschlagbar der exotischste Teil von Paris. Schwarze aus Nigeria, Ghana oder woher auch immer, mit schwarzglänzenden Zöpfen, eingehüllt in buntgedruckte Tücher, neben Geschäftsleuten im Fischgrätenanzug, Modefreaks in allen Schattierungen von Schwarz und Leder, grellen Punks und verschleierten Algerierinnen. Aber wo sind die Clochards geblieben? Einige sind nostalgisch verklärt mit ihrer Weinflasche auf den Ansichtskarten gelandet, die echten Tippelbrüder jedoch scheinen schon längst aus der City in anonyme Vorstadtbahnhöfe verdrängt, wo sie den Touristenstrom nicht stören.

Dafür bevölkern viele Musiker die Metro. Die U-Bahn als Chansonkeller: Rockmusiker, Jazzer, Gitarristen, verhinderte oder noch unentdeckte Stars, wenig Franzosen, auffallend viele Ausländer, Amerikaner, Deutsche, die sich hier eine warme Bude verdienen – immer auf der Flucht vor den Razzien der Bahnpolizei oder der Kontrolleure.

Hunger treibt uns wieder ans Tageslicht. Am Essen sparen die Franzosen (da sind sie

der Strom der Reisenden im Gare du Nord, Paris

den Chinesen sehr ähnlich) nicht. Kaum zu glauben, was Leute im Blaumann am Nebentisch für ein paar Austern hinblättern. Die Restaurants sind selbst dann voll, wenn uns der Preisschock die Hände aus den Taschen zieht. Daß sich der Begriff ‚Restaurant' von ‚se restaurer' (sich stärken) ableitet, das hatte ich schon in der Schule gelernt. Nicht aber, daß diese ersten Freß-Institutionen ‚Kinder' bzw. Folgen der Französischen Revolution waren. Die Mundschenke der Aristokratie waren nämlich arbeitslos geworden und erprobten nun ihre Kunst an wenig betuchterem Kundenkreis – das war die Geburtsstunde des Restaurants und des Feierabend-Gourmets.

Warmes Licht, eine handgeschriebene Speisekarte mit annehmbaren Preisen und zufriedene Gesichter an vollen Tischen hatten uns in das kleine Restaurant ‚Tire Bouchon' gelockt. Alle Tische sind besetzt, und so folgen wir dem Wirt über den von Jahren überschwappender Suppenteller gezeichneten Treppenbelag hinauf in die obere Etage. Die Treppe hätte uns schon mißtrauisch machen sollen. Dann geht es Schlag auf Schlag. Der ‚vin du pays' ist zwar rot, aber schmeckt so lauwarm und salzig, als hätte der Ober sich im Gefäß geirrt. Er wird schnell wieder weggetragen, aber mit der neuen Karaffe folgt auch die Zwiebelsuppe ohne Zwiebeln unter einem Klumpen Käse. Die überbackenen Schnecken sind schwarz und so zäh, daß man am Verfallsdatum der Dose zweifeln könnte.

Nur eine Gruppe Deutscher am Nebentisch macht uns Mut: „Der erste Gang war nicht besonders, aber der Rest wird besser." Das genügt uns nicht. Weder Karl noch ich hatten jemals ein Restaurant aus Protest verlassen. Nun erheben wir uns verkrampft mit dem schlechten Gewissen des Spielverderbers. „Allez, allez!" ruft der Wirt. Wir gehen. Zehn Meter weiter links, in einem verzweifelt leeren Restaurant bestellen wir die gleiche Speisenfolge. Super! Der Ruf von Paris ist gerettet!

Ob das Bistro ‚Café de la Bourse' an der Ecke Rue de Turbigo und Rue des Fontaines du Temple (welch wunderbar klingende Namen!) ein echtes Bistro ist, können wir nach vier Tagen Paris nicht mit Sicherheit beurteilen. Aber es kommt dem nahe, was wir über diese französische Institution gelesen haben. Hinter dem halbrunden, messinggerahmten Tresen steht jedenfalls eine alte Dame im eilig übergeworfenen Morgenmantel. Ungefragt serviert sie den bekannten eintretenden Gesichtern einen ‚Apéritif', einen ‚Grand Crème' oder einen kurzen Schwarzen. In unserem Fall wartet sie geduldig Karls Versuch einer akzentfreien Bestellung ab. Die Stammkunden stehen am ‚zinc', dem Tresen, während wir uns mit parismüden Beinen an einem der runden Marmortische mit ihrem schweren, gußeisernen Dreibein niedergelassen haben.

Im Gare du Nord, 1865 anläßlich seiner Einweihung als ‚wahrer Tempel der Dampfkraft' gefeiert, reichen die berühmten Pariser Caféhausstühle bis fast auf die Bahnsteige. Nur ein paar Meter und einige Topfpflanzen trennen uns von den am *quai de la gare* geparkten Fernzügen. Das Kaffeearoma zieht einen gleichsam aus dem Zug an die Cafétische der lichtdurchfluteten, fast 75 m breiten, auf schlanken Gußsäulen ruhenden Halle. Eine seltene Atmosphäre zwischen Warten auf das Abfahren und dem Müßiggang eines Caféhauses. ‚parter français' über Croissants, Kellner in Schwarz balancieren ‚Café au lait' gegen die Gesetze der Schwerkraft über umgestürzte Koffer und unaufmerksam abgelegte Handtaschen.

Ich fühle mich mit hängenden Schultern und krummer Wirbelsäule ein wenig unansehnlich neben all den herausgeputzten Französinnen. Eine Frau neben mir muß sicher schon um 4 Uhr früh aufgestanden sein, um sich für den Auftritt in der Öffentlichkeit zurechtzumachen. Sie trägt einen luxuriös langen Silberfuchsmantel und eine schwarze Pelzkappe mit einem goldenen Schriftzug ‚Paris' neben golden dekorierten Ohrläppchen. Ist sie nun patriotisch oder nur Amerikanerin?

Es ist auch auffallend, daß alle Frauen in Pelzmänteln ihre Handtaschen umgehängt tragen, obwohl gerade hier für ihre Sicherheit gesorgt scheint: langbeinige, schwerbewaffnete Polizisten im Barett, die vor allem orientalische Ausländer nach Bomben und sonstig Verdächtigem durchsuchen. Nun sind wir froh, diese Spannung des ‚bomben- und polizistengeschwängerten' Paris zu verlassen.

Im Gare du Nord reichen die Cafétische bis fast zum Bahnsteig

IC-Parsifal

7.28 Uhr springen wir in den *IC 44*, auch ‚Parsifal' genannt, Wagen Nr. 107 und wieder mal Platz 20 und 21. Das Abteil ist voll belegt, es riecht nach Lederschuhen und Parfum. Im näheren Umfeld eine Französin im brünetten Pelzmantel, die den deutschen März zu kennen scheint. Gegenüber eine Frau mit superdickem Roman, die es vermeidet, aus dem Fenster zu blicken, und dann noch zwei Teens, die mich besonders faszinieren. Zuerst atmet sie Französisch über ihren Freund, dann schüttet sie um 8.20 Uhr all ihren Kaffee über mich, ohne auch nur eine Sekunde ihr Lachen zu unterbrechen. Sie lacht unentwegt. Ich sehe hinüber zur schlafenden Französin, dann grinse ich verlegen hinüber zur Lesenden und verlasse das Abteil, um Karl zu suchen, der sicher schon unsere letzten Francs in ein Plastikfrühstück umsetzt.

Doppelstöckige Vorortzüge begegnen uns. Wie silberne, vollgefressene Schlangen, die allmorgendlich ihre Beute – Menschen, die sich vor den unbezahlbaren Mieten in die anonymen Vororte geflüchtet haben – zurück in die Kapitale bringen. Zehn Millionen Menschen kann man heute als Pariser einstufen, das ist ein Fünftel der französischen Bevölkerung.

Im Speisewagen wird ein deutsch-französisches Frühstück serviert, mit duftenden Croissants, aber der Kaffee mit Büchsenmilch von glücklichen Kühen ist schon recht deutsch. Unsere Tischnachbarn sind zwei asterixlesende (auf Spanisch) Japaner aus Osaka, die immer freundlich nicken, wenn ich ihnen etwas in langsamem Englisch erkläre. Später wird mir klar, daß sie immer nur das Elementarste verstehen. Von den fünf europäischen Ländern, die sie (wie wir) in drei Wochen bereisen, hat ihnen Deutschland am besten gefallen. „Es ist wie Japan, sauber, ordentlich und bequem."

Ihre Leidenschaft sind Orchester und Chormusik, Bach und Bruckner bringen ihre Augen zum Leuchten. Vom alkoholgetränkten Chorgesang in Köln (Datum von heute: 2. März – Rosenmontag), dem Rheinischen Karneval, ahnen sie noch nichts. Und mit den uns zur Verfügung stehenden Worten ist das, was die Rheinländer an diesem Tag treiben, nicht annähernd zu beschreiben.

Auch nach zwei Wochen Europa haben sie noch Schwierigkeiten mit einem halbweichen Frühstücksei. Koji, der jüngere der Studenten, benutzt sein DB-Messer eher als Stäbchenersatz denn als Samuraischwert, um damit das Ei zu köpfen. Schock und höfliches Lachen nach Karls Demonstration von urdeutscher Samuraikunst am weichen Frühstücksei. Wer erinnert sich schon, wie er das erste Mal eine Schale Nudeln mit Stäbchen gegessen hat?

Der Schaffner! Mit breitem Schnurrbart und seinem Arbeitsgerät, dem ledereingeschlagenen Fahrplan und einem himmelblauen Fahrkartenknipser. Aber heutzutage wird ja im Westen nicht mehr (nur noch ab Ostberlin ostwärts) geknipst, sondern das Datum und kleine Geheimnummern auf den Computerausdruck gestempelt.

Aus dem Regen eines ungeschützten Bahnsteigs steigt ein Afrikaner zu, tief-

IC-Frühstücksrunde der belgischen Zöllner

freundliche Küchenhilfe im DSG-Team des InterCity

schwarze Haut, grüne Hose, blaue Socken, ein violettes Hemd unter weißer Jacke und dunkelblauem Mantel. Ein wahrer Farbiger! Er knickt seine zu langen Beine zwischen die benachbarte, zu enge Sitzreihe des Großraumwagens. Dann beginnt er etwas für mich Ungewohntes. Er beugt den Kopf zum Boden, formt seine Hand wie zu einem Teigschaber und streicht sich kraftvoll so viel Wasser aus seinem schwarzen, extrem dichten Kräuselhaar, daß man eine große Milchflasche damit hätte füllen können. Dann richtet er sich auf und mit einem wundervollen Lächeln sagt er nur: „Pluie!" (Regen!) Seine Fahrkarte steckt mitten in einem Stapel Familienfotos, den er vor dem Schaffner wie unabsichtlich auffächert. Er ist stolz auf seine Familie.

Belgien ist schon fast durchfahren, bevor wir es an diesem düster verhangenen Tag bemerkt haben. An der unsichtbaren Grenze waren belgische Zöllner zugestiegen, die Paßkontrolle ist kurz. Nur der Afrikaner gerät für wenige Minuten in den Raster ihres Mißtrauens, dann wenden sie sich auch schon ihrem kollektiven Frühstück im Zugrestaurant zu.

Köln

Aix-en-Chapelle, Aachen. Im Wind, Regen und Sturm der ehemaligen Kaiserstadt sehen wir den ersten Karnevalsjecken. Köln – der Karneval ist nicht zu umgehen und begegnet uns schon auf dem ansonsten wetterdüsteren Bahnsteig. Die Fahrpläne sind umlagert von Jecken, deren Blick nicht mehr so recht auf die wichtigste dieser verdammt vielen Zeilen und Zahlen zu fixieren ist. „Hück jeeht allet en bisjen langsemmer." (So hört sich laut Karl ‚Kölsch' an.) Draußen schleppt sich der Zug, der Karnevalszug, fast mit verordneter Fröhlichkeit durch Wind und Regen. Das Licht ist düster wie lange nicht, selbst der beste Glühwein will die Stimmung nicht auf Touren bringen.

Die Kostüme riechen nach Mottenkugeln, Glühwein und Bier, und nur die stärksten Ellbogen erhaschen die verschleuderten, freien Kalorien. „Kammmääällllleeennnn!" – ein verzweifelter Schrei. Im Trockenen der Bahnhofsvorhalle kommt schon eher Stimmung auf. Jecken aus Flandern spielen zum Tanz – und das Narrenvolk tanzt – wie verrückt. „Et is ejal, et es ejal, ob de Hoon bis oder Haan – wenn de Hoon bis, muss'de de Eeier leje john, wenn de Haan bis, muss'de de Hooner poppe john, et es ejal, ob de Hoon bis oder Haan" – En escht Kölsches Leed – mit Moral, versteht sich!

Über allem recken sich die Türme des Domes mahnend in den grauen Winterhimmel. Dieser Dom, in seiner Vollendung jüngstes (wenn auch nicht mehr so graziles) Kind gotischer Baukunst, liegt gleich neben

Im Abteil ist's mollig warm

„Diieee Fahrausweise bitte!"

Eiskatastrophe – die Bäume zerbrechen unter den Juwelen der Natur dem Hauptbahnhof, dessen Halle 1894, nur 14 Jahre später als das Gotteshaus, als größte Bahnhofshalle Europas eingeweiht wurde.

Vor Beginn des Eisenbahnzeitalters hatte das Reisen nicht viel zu tun mit Bequemlichkeit. Das Volk, die Handwerksburschen, Studenten und Vaganten, reisten zu Fuß, auf ‚Schusters Rappen' eben. Und so stammt unser Wort ‚reisen' auch vom englischen ‚to rise' ab: sich erheben, aufstehen – und nicht sich hineinsinken lassen in einen bequemen Bahnsessel. Der Begriff ‚Tourismus' hingegen leitet sich dann schon eher von Luxus ab, nämlich dem der ‚Grand Tour' mit der Kutsche, was damals (verglichen mit heute) allerdings auch noch nicht sonderlich bequem war.

Noch 1898 hatte der ‚gute alte' Kaiser Wilhelm II. eine wahre ‚Grand Tour' unternommen, eine ‚Pauschalreise' nach Jerusalem: mit 100 Kutschen, 1300 Pferden, 12 Gepäckwagen und sogar einem Bibliothekszelt. Gemanagt wurde das Unternehmen vom Londoner Reisebüro eines gewissen Thomas Cook (siehe auch Timetables), Buchhändler und Baptistenprediger seines Zeichens, der schon 1841 die erste Gruppenreise mit der Bahn organisiert hatte.

Jener ‚Reisekaiser' Wilhelm II. war nicht nur Verehrer dieses so gewaltigen deutschen Domes und Symboles der Reichseinheit. Er hatte sich auch in den Kopf gesetzt, ‚seine' Bahnbrücke (im Volksmund wegen ihrer Form auch ‚Mausefalle' genannt) entgegen allen bahntechnischen Anforderungen als achsiale Verlängerung bzw. Fortsetzung des Domchores über den Rhein zu bauen.

Faschingsdienstag, die Zugereisten reisen ab

Der Gottesdom im Schulterschluß mit der Kathedrale des Fortschritts. So müssen sich auch heute noch die Fernzüge ihren Weg durch diese so merkwürdig schräge, zu enge Gleiseinfahrt in die kürzlich für 23 Millionen DM renovierte Halle bahnen. Im 2. Weltkrieg zerstört, 1957 wiederaufgebaut, ist sie mit ihren 92 Metern Spannweite auf einer Länge von 255 Metern zwar immer noch imposant, aber nur noch eine ‚billige Kopie' jener ‚Kathedrale der Technik', die damals gegen den sandsteinernen Kirchenkoloß antrat. Der Bahnhof als Mixtur aus Tempel, Palast und Fabrik – aber neben diesem Dom bleibt er immer Verlierer.

Von der Weiterfahrt nach Hannover rät uns der Schalterbeamte ab. Eis- und Schneekatastrophe in Norddeutschland – alle Züge haben Stunden Verspätung. „Übernachten Sie lieber hier als im Zug." Also rufen wir ein paar Freunde an und feiern Karneval. Bis morgens um halb vier?

Faschingsdienstag, der Tag ‚danach'. In der Straßenbahn geschminkte, übermüdete Gesichter auf dem Weg zum Büro. Der Alkoholspiegel der Einheimischen ist noch unüberriechbar hoch, die Zugereisten treibt's zurück. Neben uns auf dem Bahnsteig wartet eine Gruppe echter Bayern in Lederhosen und federgeschmückten Trachtenhüten. Sie wirken ernst hier in Köln, scheinen eher preußisch als bayrisch.

Es gibt kaum Stühle und Sitzbänke im Bahnhof, dafür um so mehr Läden, Restaurants und Kioske für den Genuß sofort. Warten scheint in westdeutschen Bahnhöfen keine Größe mehr zu sein. In Osteuropa und Asien ist Wartezeit noch reichlich vorhanden und (vorausgesetzt: Zeit ist nicht

Berliner Bär, Berliner Mauer am Potsdamer Platz

Geld) auch ‚kostenlos'. Aber dort hat auch das Bahnreisen noch andere Dimensionen.

Unser Zug nach Hannover hat 20 Minuten Verspätung, dann 35 Minuten und soll ausnahmsweise auf Gleis 7 abfahren. Der IC fährt ein. Wir haben schon Übung, uns mit Gepäck durch Menschenmassen zu schieben. Der IC rollt über die Hohenzollernbrücke, vorbei am obligatorischen bronzenen Reiterdenkmal Kaiser Wilhelms II., dem die Bauarbeiter vor der Enthüllung ein (leider zu früh entdecktes) Köfferchen unter den Arm geschoben hatten – gemeint als Satire und Spott über diesen reisewütigen Kaiser.

Irgend jemand hört, daß wir über Hannover nach Hongkong wollen und warnt: „Da sind Sie hier falsch! – dieser IC geht weder nach Hongkong noch nach Hannover (auch nicht über Peine und Pattensen), sondern nach Bremen!" Welche Schande! Wir glorreichen Globetrotter, weitgereist und auf der längsten Bahnreise der Welt, steigen ausgerechnet in Deutschland in den falschen Zug.

„Noch ist nicht alles verloren!" jubelt der Schaffner, dem solche Abwechslung gefällt: „Wenn der IC 500 genügend Verspätung hat, können Sie in Dortmund auf dem gleichen Bahnsteig umsteigen!" Er hatte reichlich Verspätung. „Es geht nichts über die Deutsche Bundesbahn!"

Ab Rheda-Wiedenbrück beginnt das Kristallspektakel. Jeder kleinste Ast, Stachel- und Telefondraht schimmert unwirklich gleißend unter greller Wintersonne. Eine malerische Märchenweltkatastrophe, denn der Eisregen hatte die Natur über Nacht so schwer mit Juwelen, sechseckigen Smaragden und Fünfersternen belegt, daß nicht nur die schwachen Bäume daran zerbrachen. Kreuz und quer liegen sie entlang der Strecke, als seien sie Opfer einer durchzechten Faschingsnacht.

Auf jedem Bahnhof hacken Männer Eis von den Waggons (wie soll das in Sibirien werden?), und über der Quick-Pick-Küche liegt der weiße Flaum eines chemischen Feuerlöschers. Kurzschluß. Zuviel Feuer in der Küche, nun gibt es nur Bier und Limonade. An die Menüs auf der Papiertischdecke ist nicht zu denken – sie waren mir nie so lecker erschienen wie heute. Der Koch tut sein Bestes, vor Bielefeld produziert er schon wieder die ersten Teller mit heißer Suppe, richtet die Hungrigen wieder auf – wir warten bis Hannover, das wir mit reichlich Verspätung und im Dunkeln erreichen, nicht so wie Wilhelm Busch:

„Der Morgen graut. Ich kam per Bahn –

stolz in der Stadt der Welfen an."

Daß ausgerechnet das bronzene Reiterdenkmal König Ernst Augusts vor der romanisch-klassizistischen Fassade unseres Hannoverschen Bahnhofs seine Heimat gefunden hat, ist eine Ironie der Zeit. Denn der eingefleischte Gegner des Liberalismus entließ nicht nur die ‚Göttinger Sieben' (u. a. die Gebrüder Grimm) fristlos aus dem Staatsdienst, er war auch ein Bremser des Eisenbahnbaus in Norddeutschland. Frei nach seinem königlichen Motto: „Ich will

keine Eisenbahn im Lande. Ich will nicht, daß jeder Schuster und Schneider so rasch reisen kann wie ich!" Noch heute kehrt er der Bahn den Rücken zu, und unter dem Schwanz seines Pferdes verabredet sich das Volk.

Im März 1987 versinkt Hannover im Schnee. Unser Taxi wühlt sich seinen beschwerlichen Weg nach Linden, zum Lichtenbergplatz, unserem hoffentlich vorgeheizten Zimmer, unserer Heimat: ein 16 Quadratmeter großer Raum: Schlaf-, Wohn- und Arbeitszimmer zugleich. Drei Tage Verschnaufpause auf dem Weg nach Osten gönnen wir uns. Aber von Ruhe kann keine Rede sein. Karl tippt rund um die Uhr an zugesagten Magazin-Artikeln. Ich erledige die letzten Besorgungen. In der letzten Nacht packen wir bis 4 Uhr morgens.

Jetzt geht's erst richtig los: Daunenjacken, warme Kleidung, hohe Wanderstiefel, viel Wollkleidung, Hüttenschuhe, Trainingsanzug und Daunenschlafsäcke, die wir schließlich während der ganzen Fahrt nie ausgepackt haben. (Warum haben wir sie überhaupt mitgenommen? Vielleicht als letzte Sicherheit gegenüber den Unwägbarkeiten in einem uns unbekannten, bedrohlich kalt erscheinenden Sibirien.) Dann Toilettenpapier, Waschzeug und nicht zuletzt der Notproviant: eingeschweißte Schwarzbrotscheiben, ein Ring Salami vom Italiener, Fleischbrühwürfel, portugiesische Ölsardinen, französischer Camembert, englische Teebeutel, schweizer Schokolade und internationaler Pulverkaffee für Karl.

6. März. Abfahrt mit *D 347* nach Berlin. Das Taxi hält 3 Minuten vor 14.57 Uhr auf dem Bahnhofsvorplatz, gleich neben Ernst August. Es herrscht Kaiserwetter – ein seidiger, eiskalter Winterhimmel über Deutschland. Gleich hinter Hannover kommt Lehrte, ein kleines Städtchen, nach dem immerhin einmal einer der größten Bahnhöfe Berlins benannt war. Auch Lehrte verdankt seine Existenz als einst wichtigster Eisenbahnknotenpunkt Norddeutschlands einer Entscheidung Ernst Augusts, denn ein Eisenbahnkreuz in der Nähe seiner Residenz war ihm zuwider.

Transitzug

Helmstedt/Marienborn. Deutsch-deutsche Grenze. Hier beginnen die 187 Transitkilometer nach Berlin, der D 347 verwandelt sich in einen *Transitzug* (vor nicht allzulanger Zeit noch in einen ‚Interzonenzug').

Auch die deutsch-deutsche Fahrkarte, mit der wir Berlin erreichen, ist getrennt – aber das ist, zugegeben, unsere Schuld. Denn es bleibt nachzutragen, daß wir unsere Reise aller Reisen Richtung Osten ohne Fahrkarte angetreten haben. Dafür war in den vier Minuten vor Abfahrt wirklich keine Zeit mehr. Aber Nachlösen im D-Zug geht nur bis Helmstedt. Dafür gibt's vom Schaffner handgeschriebene Fahrkarten bis Helmstedt

Grenze, und für die Strecke ‚Helmstedt Grenze bis Berlin-Stadtbahn' ist die DDR-Kollegin zuständig.

Paßkontrolle. Die ‚anderen' Deutschen, eine Gruppe von 14 Grenzern, entern den Zug – die ‚Preußen', wie sie Karl nennt. In ihren alubeschlagenen Köfferchen aus schlagfestem Plastik, den die ‚grauen Männer' wie einen Bauchladen vor sich tragen, führen sie alles mit sich, was man zum Stempeln und Kontrollieren so braucht. Ihre Walkie-Talkies benutzen sie allerdings mit einer solch extremen Ernsthaftigkeit, als seien sie ihr neuestes Spielzeug. Ich höre immer nur „Nummer fünfundzwanzigdrei…, Nummer dreizehn-achtundzwanzigdreihundert…" Vielleicht sind es Codes, aber Deutsch ist für mich ohnehin immer noch ein Code, besonders das DDR-Deutsch. Ein langer, strenger Blick in die Augen (daß einem fast bange wird), dann ein militärisches, aber erlösendes „Gute Fahrt!".

Kurz hinter Magdeburg überqueren wir die Elbe. Die Eisenbahnbrücke mit ihren mächtigen Ziegelmauerköpfen und dem Eisenfachwerk ähnelt jener bei Dannenberg, wo die Elbe Grenzfluß ist und wo die Brücke in der Flußmitte so plötzlich abbricht, als sei's das Ende der Welt. Hier folgt der Bezirk Potsdam und die Havel, die sich schon von der Mecklenburgischen Seenplatte hierher geschlängelt hat und wieder das gleiche anrichtet wie dort: eine Unzahl von kleinen Seen und Flußarmen. – Gefrorenes Eis, zarter Schnee, Kohlfelder, Schrebergärten und verschlafene Ziegelstädtchen. *‚KPF – VEB Kartoffeln, Pufferklöße und Frostprodukte'* wirbt eine Lastwagenreklame vor einer einsamen Bahnschranke.

Statt Fontanes gutgemeintem Butterbrot für den Wanderer ein Pilzomelett im warmen Speisewagen. Das DB-Omelett mit Brokkoli und Pilzen ist I a. Nur Karl macht mir Sorgen. Seine Unruhe seit Helmstedt ist unübersehbar, in immer kürzeren Intervallen blickt er hinüber zum gegenüberliegenden Tisch. Aber der junge Typ dort hat wirklich nichts Unnormales an sich. Dann eine kurze Frage: „Kennen Sie Klaus B.?" „Natürlich – das ist mein Bruder." – Das ist eine Geschichte wert, denn Karl war im Sommer 1981 Reiseleiter einer Gruppenreise per Transsib nach Peking. Und dieser Klaus war einer von zwei ‚Schäfchen', die ihm im Schlafanzug auf dem Bahnsteig von Irkutsk, mitten in Sibirien, verlorengegangen waren. Mehr soll hier nicht verraten werden, nur das Erstaunen, daß wir nun sechs Jahre später (am Beginn dieser gleichen Reiseroute) auf seinen Bruder treffen. Ist das ein gutes oder schlechtes Omen?

Wie anders erlebt man doch die Reise nach Berlin per Bahn statt im Sparflug. Denn aus dem nach Tegel gleitenden Flugzeug sind die beiden politischen Kontinente, die hier aufeinanderprallen, am Tage kaum auszumachen. Berlin wirkt als Einheit. Nur nachts (vor allem im verschneiten, winterlichen Berlin) leuchtet die Mauer wie eine fluoreszierende Halskette und trennt den Kopf vom Körper. Was aber ist Kopf, was Körper? Historisch gesehen, liegt das Herz der Stadt an der Nikolaikirche, im Ostteil, in der ‚Hauptstadt der DDR'. Und genaugenommen ist ‚West-Berlin' im Taumel seiner 750-Jahrfeier kaum 150 Jahre alt.

Berlin

Ankunft in Berlin. Bahnhof Zoo – ein extrem gesichtsloses Gebäude, das seinen Bekanntheitsgrad vor allem den ‚Kindern vom Bahnhof Zoo' verdankt. Man merkt ihm den einfachen Stadtbahnhof an, der er, wie auch die Bahnhöfe Friedrichstraße und Alexanderplatz, bis zum Krieg war.

Sechs Kopfbahnhöfe waren einst für den Reiseverkehr nach Berlin verantwortlich. Der prunkvollste war der Anhalter Bahnhof. Von diesem ‚Tor zum Süden' rollten täglich 140 Züge Richtung Athen, Wien, Frankfurt, Paris und London. Vom Lehrter Bahnhof rollten die Fernzüge nach Hamburg, Bremen, Hannover. Der Stettiner führte nach Danzig und Rostock. 18 Mio Goldmark hatte der Anhalter Bahnhof gekostet und galt bei seiner Eröffnung 1880 nach London-St. Pancras und Birmingham als drittgrößter der Welt. Heute steht von der ‚Drehscheibe Deutschlands' nur noch eine von den Allegoriefiguren ‚Tag und Nacht' gekrönte Fassade am Askanischen Platz, nicht weit von der Mauer.

Diese Mauer, Symbol der Teilung Deutschlands, die von Australien aus betrachtet (wo viele nicht einmal die DDR von der BRD unterscheiden können) so unvorstellbar abstrakt bleibt, daß sie dann, wenn man ihrer betongewordenen Wirklichkeit gegenübersteht, um so tiefer schockiert, selbst wenn sie dank endloser Graffiti eher einem Freilichtmuseum gleicht – mit Andenkenständen und Busparkplätzen, versteht sich.

Wir beschließen einen Ausflug in den Ostteil der Stadt, als ‚Training' und Vorgeschmack für unsere Reise nach Osten. Von der U-Bahnstation Mehringdamm über Kochstraße zur Friedrichstraße. Auf dem Weg ein paar Geisterstationen, welche die Bahn mit verminderter Geschwindigkeit passiert. Gespenstisch beleuchtet, vernagelt und brach – trotz der vielversprechenden Namen ‚Stadtmitte' oder ‚Französische Straße'.

auf 'ne Molle ins Eckrestaurant „Hauptmann von Köpenick", Berlin-Ost

Wilde Eissegler-GmbH auf dem Müggelsee, Berlin-DDR

Bahnhof Friedrichstraße, im Milieu auch ‚Lodz' genannt, ist nicht nur Grenzübergang, sondern auch das Einkaufszentrum der Stadtstreicher und Hobbyschmuggler. „Ham' Se mal 'ne Mark für'ne Fahrt nach Lodz?" meint also nicht die polnische Universitätsstadt, sondern die ‚Intershops' im Gewirr der vier S-Bahn-Stationen des Bahnhofs Friedrichstraße. Tip des Monats: 1 Flasche Mariacron für 11 Mark 90. Und die Stange Zigaretten für neunzehn fünfzig. Westmark, versteht sich.

Schon in den Katakomben des Bahnhofs verwickelt sich Karl in verbales Geplänkel. Etwas verschlafen hatte er im Labyrinth der Treppen und Unterführungen nach der Richtung „Nach Westberlin, äääh nach Ostberlin bitte!" gefragt und fällt ob dieser Begriffsverwirrung gleich ins deutsch-deutsche Sprachlabyrinth. Denn der Grenzer schaltet auf pädagogische Belehrung: „Woher kommen Sie?" – Karl: „Ich aus Westdeutschland – sie aus Australien" – Zu Karl: „Wenn Sie aus Australien kämen, würde ich es ja verstehen, aber als Deutscher müßten Sie eigentlich wissen, daß dies die ‚Hauptstadt der DDR' ist." – „Ja, ja, die Hauptstadt, na klar! – aber der Osten von Berlin ist es doch!" Der Grenzer besteht auf ‚Hauptstadt der DDR', gibt aber auf.

Ich entdecke bald, daß es sehr leicht ist, Dinge falsch zu machen in der Hauptstadt der DDR, obwohl ich doch fast jeder Ampel, jedem Verbotsschild und ‚Steh auf für alte Leute'-Zeichen gehorche. Ebenso wie ich eine Fünf-Sterne-Drehtür falsch benutzte, lege ich nun meinen Teebeutel fatalerweise auf einer weißen Untertasse ab, welche sich sogleich als Aschenbecher entpuppt, während eigentlich das andere Schälchen für die Teebeutel gedacht war.

Man muß einfach gewisse Regeln befolgen. So ist es auch falsch, an einer Garderobe vorbeizugehen, ohne seinen Mantel dort zu hinterlassen. Wir sitzen im Café im Internationalen Handelszentrum gegenüber der Station Friedrichstraße. Karls Versuch, die an sich leckere Bratwurst mit einem 28-mm-Weitwinkel einzufangen, alarmiert die Belegschaft. Fotografieren in Restaurants ist verboten. Aus dem Fenster den Bahnhof vielleicht? Für das Fotografieren von Bahnhöfen brauchen Sie auch eine Erlaubnis! Jetzt fängt's an. Wir sind im Osten.

Bei – 10 °C wandern wir die Friedrichstraße, einst Kaufrauschparadies der ‚Goldenen Zwanziger', entlang bis zur Weidendammer Brücke mit dem preußischen Adler im gußeisernen Geländer, den auch Wolf Biermann besingt: „... dann steht da der preußische Ikarus mit grauen Flügeln aus Eisenguß, dem tun seine Arme weh ...". Fast penetrant drängt sich die Orient-Barock-Fassade des Revuetheaters ‚Friedrichstadtpalast' in den Vordergrund.

Um 11 Uhr haben wir uns mit Peter, einem Westberliner Freund, verabredet – ohne ihn hätte ich diese Hauptstadt überhaupt nicht verstanden. Ostberlin bietet Tausende von winzigen, eigenartigen Details, die für Nichtdeutsche oder Nichtberliner nicht so leicht zu verstehen sind.

Peters ‚Guided Tour' beginnt am Prenzlauer Berg, diesem Kreuzberg des Ostens, das von Touristenbussen aus Ost und West gemieden wird. Hier, wo man noch die Einschüsse und Granatsplitter, die Narben des letzten Krieges an den Hausfassaden zählen kann, schien uns Ostberlin am buntesten. Ähnlich wie in Kreuzberg ist das Quartier Sammelfeld der alternativen Szene, der Künstler, Lebenskünstler, Studenten, jungen Arbeiter und Paare auf der Suche nach Wohnraum. Und die selbstrenovierte Altbauwohnung einer Grafik-Designerin unterscheidet sich erstaunlich wenig von der eines Westkünstlers.

Das ‚steinerne Berlin' täuscht seine flüchtigen Besucher. Die zweigeteilte Stadt ist eine grüne Stadt mit Superlativ, diejenige mit dem größten städtischen Grün – ‚in the world'! Vom Prenzlauer Berg also zurück zum Alexanderplatz und mit Linie 27 Richtung Müggelsee.

Mittagessen in Köpenick, im Restaurant ‚Zum Hauptmann von Köpenick' – ‚el típico', wie wir glauben. Der Kellner (sehr untypisch) ist charmant und zuvorkommend. Wir teilen uns einen sonnigen Ecktisch mit einem ebenso strahlenden Paar. Walter Meiering hat soeben mit seiner Edeltraut das allsonntägliche Mittagessen beendet und schließt mit einem ‚Honnecker-Mokka'.

Karl wählt Königsberger Klopse in Kapernsauce (sehr lecker), ich *Broiler* – ein Hähnchen. „Broiler?" Das ist doch Englisch? Tatsächlich, es ist dem englischen Sprachgebrauch entlehnt. Warum? Peter, der Journalist, glaubt die Lösung zu kennen: Auf der Begriffsflucht vor dem westdeutschen ‚Hendl' wurde in irgendeiner Amtsstube vermutlich der ‚Broiler' (Steigerung: Goldbroiler) aus dem Wörterbuch gefischt. Die *Krusta* hingegen ist eine echt preußische Wortschöpfung – die DDR-Pizza.

Weiter zum Müggelsee am Sonntagnachmittag. Familien aller Größenordnungen entsteigen den Linien- und Sonderbussen an der ‚Berliner Bürgerbrauerei', um sich nach Kaffee und Kuchen auf die zugefrorenen Eisflächen des Sees zu wagen. Unserer stillen Bewunderung einiger Eissegler folgt die Einladung zu einer Probefahrt. Der Wind fängt sich in den 12 Quadratmetern der Segel und treibt uns mit fast 80 km/h (so der stolze Besitzer) quer über den See zu anderen Ufern.

Dededem-dededemdem-dededem – fast wie in einem Zug jagen wir über das Eis, dessen Spannungsrisse und Unebenheiten die Musik zur Geschwindigkeit machen.

Nach zwei Stunden im katamaranähnlichen Segelschlitten sind unsere Füße trotz Wolldecken wie Eisklumpen. Aufwärmen bei Grog, Molle und Korn in einem Schrebergartenhäuschen am Ufer. „Ein schöner, unpolitischer Nachmittag in Ostberlin“, schreibe ich abends abschließend in mein Tagebuch. Wunderschön!

Mittwoch – 11. März. Um 5 Uhr piept der Wecker, 5.30 Uhr aufstehen, Schnellwäsche und ohne Frühstück hinunter in die S-Bahn Richtung Bahnhof Zoo. Karl ist wirklich unverbesserlich: 4 Minuten vor Abfahrt des Zuges verläßt er die Warteschlange für ein letztes West-Brötchen mit Aufschnitt, und wir stürmen die Rolltreppe hoch zum Bahnsteig. Kein Zweifel: Jetzt geht's richtig los!

Ost-West-Expreß

Der *Ost-West-Expreß* bis Moskau besteht im Bahnhof Zoo nur aus zwei einsamen Waggons, die von einer Rangierlok hinüber zum Bahnhof Friedrichstraße gezogen werden. Paßkontrolle. Nun wird der Zug zwar länger, aber außer den Grenzern steigt im Ostteil der Stadt niemand zu – die Reisesaison hat auch in der DDR noch nicht begonnen. Der Zug ist mit gerade so vielen Passagieren besetzt, um den Verdacht wieder zu zerstreuen, er könne auf ein Abstellgleis geschoben werden.

Um 8.20 Uhr lassen wir schließlich West-Berlin und die Hauptstadt der DDR, diese beiden feindlichen Brüder, hinter uns. Der Himmel über Berlin ist seidenblau, eiskalt. Eine feste Schneedecke liegt über offenen Feldern. Schon Birkenwälder. Auf den ersten vier Stationen steigen nur Frauen zu. Kunovice und die Grenze nach Polen sind schnell erreicht.

Aus meiner Schulzeit ist mir noch eine bittere Klage des Polen Joseph Conrad im Gedächnis geblieben, die ich jetzt wiedergefunden habe: „Die Polen bilden eine Nation, die weniger lebt als überlebt, die im Denken, Atmen, Sprechen, Hoffen und Leiden ausharrt in ihrem Grab, eingezwängt von einer Million Bajonette.“ 1915 geschrieben, und was ist alles noch danach über dieses Land gekommen?

1912, im Baedeker, hießen die Grenzstädte Thorn/Alexandrowo – an der Weichsel. Seit dem Aufstand von 1794 war Polen als Staat allerdings nicht mehr existent, sondern von Großmachtpolitik zerteilt und seit dem Wiener Kongreß als *Kongreß-Polen* von zaristischen Truppen besetzt.

Heute ist die Oder Grenzfluß, und in diesem anderen Frankfurt (a. d. Oder) werden wir wieder umrangiert, 300 Meter vor und wieder zurück, als würden wir einen Parkplatz suchen. Auf dem Nebengleis – auch in Wartestellung – ein ‚MOCKBA-Berlin‘-Expreß.

Aus Richtung DDR kommend, fühlt man sich fast so, als ging's wieder Richtung Westen. Die Zollbeamten sind nicht mehr so unangenehm preußisch, sondern eher von galantem Charme wie ein französischer

Mitreisende im Zug nach Warschau

Heimkehrer im Ost-West-Expreß

polnischer „WARS"-Büffetwagen im Ost-West-Expreß nach Warschau

Schaffner (der einem allerdings auch mal als fauchende Furie begegnen kann). Und die polnische Schaffnerin Janina ist sowieso eine herzensgute Zeitgenossin.

Karl ist schon wieder in den Buffetwagen vorgestoßen. Im warmen Licht der Wintersonne herrscht dort sogar eine anheimelnde, allerdings auch sehr fremde Atmosphäre. Leuchtend blau-weiße Wachstücher bedekken drei Stehtresen. Nur vor den Fenstern gibt es noch ein paar Klapptische (gerade ausreichend für zwei polnische Teller) mit zu niedrigen Klappsitzen. Die Buchstaben *Wars* sind auf allem Greifbaren zu lesen: auf den Gabeln, Tellern und auf den Kaffeegläsern. Ich vermute jedenfalls, daß es Kaffee war, dieses dunkelbraune Getränk mit dem Satz, der ohne Vorwarnung an der Zunge und den Mandeln vorbei in die Kehle rutscht.

Am Ende des Waggons eine kleine Buffetküche. Karl bestellt eine dieser fast vulgär aussehenden, fetten Weißwürste mit dem exotischen Namen *Kielbasa*. Ein geübter Griff fischt ein Paar aus dem Topf direkt auf die Fleischerwaage – denn bezahlt wird per Kilo: 1450 Zloty. 20 Gramm Tomatenketchup: nochmal 160 Zloty.

Der erste Versuch, die ‚Kielbasa' abzulichten, scheitert am Küchenchef, der wieder mal ein westdeutsches Nachrichtenmagazin bei der Recherche polnischer Lebensmittellücken vermutet. Aber Karls Appetit überzeugt den letzten Zweifler, der nun sogar noch eine neue Wurst nur fürs Foto serviert. Wurstessen mit runden Aluminiummessern will gelernt sein. Am Ende dieses Schlachtfests, von dem nur ein Häufchen Pelle übrigbleibt, stelle ich fest, daß der Plastikgriff schärfer war als die Klinge.

Nun gut – die Wurst war nichts für Gourmets, aber die Schweinshaxe, von der mir ein etwa 45jähriger Bauarbeiter ein Stück anbietet, schmeckt hervorragend. Karol spricht sogar ein wenig Deutsch: „Messer, Gabel, Scher und Licht – sind für kleine Kindern nicht!" hat ihm seine Mutter beigebracht, das „Links, rechts..." die deutschen Soldaten. Aber mit „Auf Wiedersehen" hapert es noch. Das sagt ihm der bis dahin schweigsame, ältere Herr im Karoanzug vor. Auch er kann Deutsch, sogar ausgesprochen gut. Aber er will nicht so recht, denn er hat sein Deutsch nicht nur in der Schule, sondern auch im KZ gelernt. Und sein Spanisch hat er sich bei den Internationalen Brigaden beigebracht. Deutsch war noch nie seine Lieblingssprache.

In unserem Abteil erwartet uns schon die offizielle Geldwechslerin. Den Zwangsumtausch können wir ihr wegen unserer Hotelgutscheine ausreden, aber Geld müssen wir auf jeden Fall tauschen. Wir können das nach offiziellem Kurs, oder – wenn wir wollen – einfach schwarz. Wer will nicht auch mal mit der ‚Bank' schwarz tauschen? Wir wechseln vorsichtig 10 $ zum Kurs 1 : 500 Zloty. Sie lacht, dann am Schluß noch ihr wohlgemeinter Tip beim Rausgehen: „Akzeptiert in Zukunft keine Kurse unter 700 für den Dollar! – Und gute Reise!"

In Posnan (Posen) wird's voll, und mir scheint, die Gesichter werden breiter und wärmer. Bald sitzen wir mit sechs Frauen auf rostfarben gemusterten Sitzen, eingerahmt von den PKP-bedruckten Vorhängen im engen Abteil. Obwohl sie sich doch alle unbekannt sind, beginnen sie sofort in einer

Reisegefährtinnen nach Warschau

wunderbaren Offenheit miteinander zu reden – uns eingeschlossen. Das erscheint mir um so erstaunlicher, da sie sowohl vom Alter, ihrem Charakter als auch ihrer gesellschaftlichen Stellung her sehr unterschiedlich sind: eine junge Physikstudentin aus Warschau, zwei Arbeiterinnen einer Staatsfarm, eine sehr elegant gekleidete Hausfrau aus Warschau, eine Bäuerin und eine zwanzigjährige polnische Studentin der Computerwissenschaften aus Michigan/USA.

Die beiden Arbeiterinnen sind, einmal abgesehen von den weißen Knöchelsocken, ganz in Schwarz gekleidet. Eine der beiden fasziniert mich besonders. Sooft sie lächelt, präsentiert sie eine komplette Reihe Zähne in rostfreiem Stahl – und wenn man das noch nie zuvor gesehen hat, ist es ein beeindruckender, ja unvergeßlicher Anblick.

Die blonde Computerstudentin aus den USA ist zweifellos die bunteste der Frauen. „Wußten Sie schon, daß die zweitgrößte polnische Stadt Groß-Chicago ist?“ Die Polen zieht es wie kaum andere Emigranten zurück in ihre Heimat. Ihre Familie spricht auch in den USA polnisch, sie lesen polnische Zeitungen, und ihre Eltern hören neben den amerikanischen Medien sogar täglich polnische Sender. Sie kann sich auch vorstellen, einen polnischen Freund (das ist wohl auch der Grund ihrer Reise) zu heiraten. Ja, in Warschau könnte sie leben – nicht aber in einer kleineren Stadt, und: „Wenn man Dollars hat, kann man alles haben, alles!“

Abgesehen von ein paar Raucherpausen auf dem Korridor, sitzen sie alle zusammen im Abteil und schwätzen. Irgendwie hört es sich für unsere Ohren wie das Spiel menschlicher Schreibmaschinen an. Und wenn sie zustimmend nicken, dann klingt es ‚Tak, Tak!‘ – ‚Tak!‘ – Ja, ja. Für uns hört es sich eben slawisch an, aber: „Hört ihr den Unterschied zwischen Polnisch und Russisch“, fragt die Studentin, um gleich die Antwort zu liefern: „Hört, welch ein Unterschied!“

Der Himmel ist wie gewohnt strahlend blau, nur über den Städtchen und Dörfern hängt der Schmutzschleier von Industrie und Kohleöfen. Schneeverwehte Obstplantagen, Kohlfelder und Weiden, ein paar zweistökkige Einfamilienhäuschen – kleine Kisten mit einem Vorgarten, Winterbäumen und dünnen Zäunen. Einige Häuser sind auch grau, aber anders als das DDR-Grau. Alte, verlassene Bahnstationen.

Immer häufiger begegnen uns nun Dampflokomotiven, diese launischen, schwarzen Ungetüme aus Eisen und Stahl, die noch nicht verheimlichen, wo die Kraft geboren wird. Wir hatten sie schon vergessen und in die Geschichtsbücher verdrängt. Lokomotive, welch ein Inbegriff von Energie, Kraft und einst auch Schnelligkeit!

Ein Frankfurter Führer aus den 80er Jahren des vergangenen Jahrhunderts nennt sie „Sklavin der materiellen Welt, die wie eine Windsbraut nach allen Richtungen dahinsaust.“ Hier im Osten Europas und später in China sind uns diese Sklavinnen noch häufig rauchend und zischend begegnet. Es ist nicht das Gnadenbrot der Nostalgie, sondern Notwendigkeit, die noch verhindert, daß sie auf einem Lokomotivfriedhof ihre verdiente Ruhe finden.

Verwandlung der Armbanduhr

Blick hinüber zum Kulturpalast, einem „Geschenk" Stalins

Warschau

11. März. Ankunft – *Warszawa Centralna* – Hauptbahnhof. Nach einem herzlichem „Do Wodzenia!" „Szerokiej drogi" (Ich wünsche dir eine breite Straße) der Frauen schleppen wir unser Gepäck überrascht zwei Ebenen höher, als seien wir mit der U-Bahn angekommen. Tatsächlich unterfahren die Fernexpresse Polens Hauptstadt in einem langen Tunnel.

Als Hotelwunsch hatten wir ORBIS, das staatliche Reisebüro, um ein kleines Hotel in der Innenstadt gebeten. Nun sitzen wir dort, wo wir absolut nicht hinwollten: im 25. Stock des 751-Zimmer-Hotels ‚Forum', Zimmer 2519, mit Blick auf die Stalin-Gotik des ‚Palasts der Kultur und Wissenschaft'.

Wir sind gerade rechtzeitig zum Schauspiel eines winterklaren, perfekten Sonnenuntergangs gekommen. Und Stalins ‚Geschenk', dieser bittersüße 321 Meter hohe Tortenguß, in dem in 3281 Räumen über 27.000 Menschen arbeiten sollen, hebt sich gegen das Blutorange im Westen ab wie Draculas Burg. Um 23 Uhr, nach einer guten Flasche ungarischem Ochsenblut, scheint er sich gegen das Kobaldblau einer Winternacht sogar in eine Raketenabschußrampe zu verwandeln.

Von der Aussichtsplattform des Kulturpalasts hat man einen grandiosen – nur vom winterlichen Smog vernebelten – Blick über die Weichsel, zur Vorstadt Praga, über die Altstadt und die von Stadtplanern wie zufällig hingewürfelten Wohnblöcke. Das beeindruckt auch Cieslak, einen Frührentner aus Kalisz (Polens ältester Siedlung), der für ein paar Tage zu Besuch bei der Schwester ist, Tourist sozusagen.

Wir hatten ihn unten am Fahrstuhl kennengelernt, als wir ihn nach der Zeit fragten und er seine Taschenuhr, eine sorgfältig in einer Plastikdose verpackte Armbanduhr, zückte. Daß er Deutsch spricht, überrascht uns am zweiten Tag in Warschau nicht mehr. Cieslak hat es während 14jähriger Zwangsarbeit in Osnabrück gelernt.

Ich weiß nicht, was Cieslak gedacht hat, als er über die Altstadt und die Weichsel nach Norden blickte, uns deprimiert der Blick vom Kulturpalast über Warschau. Sich als Deutscher über die mangelnde Urbanität Warschaus beklagen zu wollen wäre allerdings schlimmster Zynismus. Nimmt man es einfach so hin, daß das königliche Schloß schon immer hier stand, genauso wie die Altstadt, der man es nicht so recht glauben will, daß sie nach dem Krieg aus Ruinen wieder auferstanden ist?

„Hochgewachsene Männer im langen Seidenkaftan mit zweizipfligen Bärten und großen runden Hüten..." Dieses Warschau mit seinen 300.000 Juden, das uns der jüdische Schriftsteller Alfred Döblin in seiner ‚Reise in Polen' 1925 schilderte, die jiddischen Zeitungen und die Frauen mit ihren schwarzen Perücken und Schleiern, dies gibt es nicht mehr. Schon zwanzig Jahre nach der Spurensuche des Juden Döblin nach den Wurzeln seiner Kultur gab es in Warschau keine Juden mehr.

Am 1. September 1939 fielen die ersten deutschen Bomben auf Warschau, am 28.9. kapitulierten die Polen. Und nach den Aufständen von 1943/44 zerstörte die deutsche Wehrmacht dieses ‚Paris des Ostens' so systematisch, vorsätzlich und gründlich, daß sich die Polen nach dem Krieg sogar überlegten, ihre Hauptstadt in das 120 km südlich liegende Städtchen Lodz zu verlegen. Fast 90% aller Gebäude lagen in Trümmern, 800.000 Menschen, darunter 300.000 Juden, waren ermordet. Warschau stößt uns ständig und ungefragt auf die Narben der Geschichte, macht es oft schwierig, zurück in die Realität dieser wiedergeborenen 1,6-Millionen-Stadt zu springen.

Vielleicht gelingt es am besten in den kleinen Cafés. Sie sind sicher nicht so elegant wie in Paris, aber sie sind immer noch wichtiger Bestandteil polnischer Lebenskultur und verglichen mit Ostberlin und Moskau sind sie zahllos.

Elegante ältere Damen mit teuer erscheinendem Schmuck, zeitunglesende Funktionäre oder Geschäftsleute, junge Paare, sehr junge, zuweilen recht leicht aussehende Mädchen und kleine Gruppen von Studenten trinken hier ihren *kawa* oder *herbata* zu einem Stück Sahnekuchen, das man sich unter einer Glasvitrine aussuchen kann. Selbst eine schwarzgekleidete Bäuerin hat sich in die ihr ungewohnte Szene der arroganten Städter gewagt.

Besonders die Frauen faszinieren mich hier. Sie schminken sich so ungeniert am Cafétisch wie in Paris. Eigentlich sind sie fast alle gut angezogen, ob Studentin, Verkäuferin oder Postangestellte. Die Mehrheit trägt Make-up, die meisten sind attraktiv, mit durchsichtiger Haut und durchdringenden blauen und grünen Augen. Sie sind – trotz vergleichbar begrenzter Möglichkeiten – sehr modebewußt und tragen das, was wir in den Schaufenstern nicht entdecken können.

Polen ist ein Land der großen Einkaufstaschen – wer weiß, wann mal wieder ein ‚Bananendampfer' anlegt. Aber Ungeduld kommt auch in den langen Schlangen vor den Brot- und Fleischerläden nie auf. In der Innenstadt ‚produziert' ein LKW eine 80-m-Schlange junger Mütter mit Kinderwagen. Er hat Vitaminbabykost geladen. Pro Mutter

Café in der Krakowski Przedwieście, Warschau

wird nur ein Karton à 12 Gläser ausgegeben. Ich hätte nie geglaubt, daß mich so etwas Banales so tief treffen könnte wie die Tatsache, daß eine Mutter nur per Zufall auf solch einen für ihr Baby wichtigen Artikel stößt.

Sicher die Hälfte der Leute, mit denen wir in Warschau ins Gespräch kommen, sind irgendwie Geldwechsler, ob offizielle oder Hobbywechsler, Studenten, Anfänger oder Profis. Den absolut professionellsten Eindruck hinterlassen die Kellner im ‚Forum'. Die orangefarbenen Servietten, die sie elegant über ihren Arm balancieren, bedecken nicht nur den versilberten Blechteller mit der Rechnung, sondern zuweilen auch mal kunstvoll verpackte Kaviardosen vom schwarzen Markt. Das Abendessen ist nur das Prélude für den Geldtausch und die Kaviarschau: wunderbare 250-Gramm-Dosen mit (vermutlich) echtem gesalzenen Störrogen für ‚nur' 60 US-$.

Der Schwarzmarkt-Kurs für den Dollar liegt sogar bei 850 Zloty, der offizielle bei 235 Zloty. Umgerechnet kostet uns der leckere Fasan mit Erbsen und Croquetten also nur 1.80 DM. Der Preis für eine ‚Zapiekanki'-Pizza zu 60 Zloty ist in deutscher Währung kaum noch greifbar. Irgendwie stimmen die Relationen überhaupt nicht. Auch nach dem offiziellen Kurs ist alles spottbillig. Das Währungssystem scheint auf den Kopf gestellt – Inflation oder Diktat der Weltwirtschaft?

Wir fühlen uns fast wie Schmarotzer, selbst die 91 DM für ein Doppelzimmer (die uns zunächst so geärgert hatten) erscheinen uns nur als magerer Ausgleich, denn auch das ‚Forum-Hotel' gehört zu einer internationalen Hotelkette. Wieviel Geld bleibt wirklich im Lande? Können die Polen überhaupt noch etwas am Tourismus verdienen?

Oben in 2519 müssen wir uns allerdings wieder heftig beschweren: Das einzige Mineral im Mineralwasser aus dem Zimmerkühlschrank scheint Chlor zu sein – einfach ungenießbar (und nur noch übertroffen vom Shanghaier Leitungswasser). Kichernde Zimmermädchen haben ihr elementarstes Englisch schon gelernt. Mit zwei Sätzen: „no problem – one moment" und mit ihrem herzlichen Lachen scheinen sie jeden unzufriedenen Gast unter Kontrolle halten zu können.

Zeit für uns, etwas Survival-Polnisch zu lernen: *jenkooje*/Danke schön – *herbata*/ Tee – *kawa*/Kaffee – *zupy*/Suppe – *tosty*/ Toast – *frytki*/Chips – *piwo*/Bier – *mleko*/ Milch – *kartoflanka*/Kartoffelsuppe – *sok owocoy*/ Fruchtsaft und *bigos starapolski*/ Fleisch und Wurst in Sauerkraut gekocht. Dann natürlich *‚szampanskie'*/Champagner – und *‚jajoko na miekko'*/ gekochte Eier – sie werden 3 Minuten gekocht, eine Zeit, die wir allein schon zum Lernen dieses Zungenbrechers brauchen.

Die polnische Krusta oder Pizza heißt *Zapiekanki*. Eigentlich ist es eine Mixtur von knusprigem Minibaguette und Pizza, die unter einem Elektrogrill mit einer würzigen Mischung aus Wurststückchen, Champignons und Käse überbacken wird. Sie gibt uns Kraft genug, um in die ‚Konsumpaläste' vorzustoßen.

Eigentlich wollen wir nur Rasierklingen kaufen. Aber auch nach drei Kaufhausbesuchen an der *Marzalkowska* bringen wir kein System in diese sozialistischen Warenlager. „Rasierklingen? – Führen wir nicht! Versuchen Sie es doch einmal im *Sawa*." Aber auch dieses viergeschossige Kaufhaus unterscheidet sich in unseren Augen nicht im geringsten vom *Wars*. Der gleiche sozialistische ‚Grauschleier' liegt über den Vitrinen, aber keine ersichtliche Ordnung.

Zugegeben – es gibt Rasierklingen, allerdings diese alten, durchlöcherten Klingen im öligen Zehnerpack. Am gleichen Stand gibt es auch Baumwollunterhosen, Nivea-Babycreme für 800 Zloty und dekorative Blattkunst aus der VR China. Bleibt nur die Frage: Was wird offiziell, was in eigener Regie verkauft?

Draußen vor dem Wars auch geduldige Anwärter auf ein Glückslos der staatlichen Lotterie. Nie zuvor sind mir diese Lotteriestände so ins Bewußtsein getreten wie auf dieser Reise – ob in Portugal, Deutschland, Polen, China oder Hongkong. Fast überall produzieren sie lange Schlangen der Hoffnung. Faszinierend dieses ungeduldige, dann kurz vor Vollendung zögernde Aufreißen des Papiertütchens, als könne man noch etwas ändern. Trostpreis oder: Enttäuschung sofort oder auch wöchentlich. Und immer lockt das Auto. Hier in Warschau ein Polski-Fiat. Dieser Kleinstwagen kostete vor 6 Jahren noch 60.000 Zloty, heute 1,5 Millionen. Benzin ist dagegen vergleichbar preiswert: 60 Zloty der Liter, aber rationiert.

Studenten, die uns in einer *winiarnia*, einer Weinkneipe der Altstadt, zu einem Schoppen ungarischem Rotwein einladen möch-

Blick über den wiederaufgebauten Altstadtplatz Warschaus

ten, machen diese Zahlen ein wenig greifbarer, doch letztlich immer unverständlicher. Ein Glas ungarischer Roter kostet 210 Zloty, eine Tube West-Zahnpasta 600 Zloty, eine Studentenbude in Warschau 20.000 Zloty. Und der Mutter eines Studenten, die in der amerikanischen Botschaft arbeitet, wird ihr Gehalt im Verhältnis ‚50:50' ausbezahlt: macht monatlich 15 US-$ plus 15.000 Zloty. So gewaltig hätte ich mir das Währungsgefälle nie vorgestellt. Und trotzdem, diese Studenten sind so modisch gekleidet, daß sie sich jederzeit in eine Gruppe westdeutscher Jugendlicher mischen könnten, ohne auch nur im geringsten aufzufallen.

Irgendwie muß es eine geheime Formel für das Anhalten eines Taxis geben, die wir noch nicht beherrschen. Für uns gibt es eigentlich nur zwei Möglichkeiten, ein Taxi zu ergattern: sich in einer zugigen Schlange hinter unserem Hotel anzustellen oder in die noch längere Schlange vor dem Königsschloß.

Allerdings will Karl auch immer mehr als nur ein Taxi. Erstens muß der Fahrer fotogen sein, zum anderen so alt, daß er in der Vergangenheit etwas Deutsch aufgeschnappt haben konnte. Einer, der uns wegen eines Abziehbildes des Papstes über dem Armaturenbrett auffiel, beginnt seine Unterhaltung überraschend mit seinem Zeigefinger und einem Statement: „Das ist mein Mann – nicht Gorbatschow!" Sein Schaltknüppel ist wie üblich gekrönt von einem Handschmeichler aus Plexiglas mit eingegossener Rose.

Bahnhofshalle des Warszawa Centralna

Mit bedächtigen Bewegungen des Oberarms macht er klar, was früher einmal Adolf-Hitler-Platz war und wo heute, gottlob!, das Grab des unbekannten Soldaten zu finden ist. Hier links sehen Sie die Oper, Europas größtes Opern- und Ballett-Theater. Und hier rechts das Hotel Victoria, wo man als Pole für Dollars gute Westwaren erstehen kann.

Halt, stop! Wir wollen zwar weder Kosmetika noch eine Flasche Gin, für die vor allem die Männer anstehen, ganz einfach nur ein paar Rasierklingen, denn Karl sieht ein wenig wild aus. Ist es nicht wichtig, daß er ein glattes, unauffälliges Gesicht bewahrt, wenn er sowjetische Bahnhöfe fotografieren will? Für US-$ 2.10 sieht er wieder sauber und geleckt aus.

Im neuen Hauptbahnhof herrscht, egal wie viele Reisende in der gigantischen Halle warten, immer eine gähnende Leere. Gemessen am menschlichen Maßstab, scheint sie einfach ein paar Nummern zu groß geraten. Vielleicht ist es aber auch nur das völlige Fehlen bunt blinkender Neonleuchten, der Mangel Wärme versprechender Plakate einer westlichen Reklamewelt, das uns so irritiert und den *Centralna* so metropolishaft und kalt erscheinen läßt.

Auch die Fernzüge zum 1312 km entfernten Moskau starten heute vom neuen *Warszawa Centralna* aus, gleich gegenüber vom ‚Kulturpalast' und dem ‚Hotel Forum'. Unser Gepäck steht schon im Foyer. Was machen wir mit all den restlichen Zloty? Essen!: „Ploedwica ‚Modern' na osoby maslo krokiety, tartolet kazfasolka" (Roastbeef Modern, Buttercroquetten, Stangenbohnen). Macht 1600 Zloty.

Die Zeit wird wie immer knapp, fotografieren und essen in ‚Wir-müssen-den-Zug-noch-erwischen'-Rekordzeit. Kein Taxi

Bahnhofshalle in Brest, Warten auf den „Polonez" nach Moskau

CUSTOMS DECLARATION

My luggage (including hand luggage) submitted for Customs inspection consists of ______ pieces.

With me and in my luggage I have:

I. Weapons of all descriptions and ammunition ______

II. Narcotics and appliances for the use thereof ______

III. Antiques and objects of art (paintings, drawings, icons, sculptures, etc.) ______

IV. U.S.S.R. rubles, U.S.S.R. State Loan bonds, Soviet lottery tickets ______

V. Currency other than U.S.S.R. rubles (bank notes, exchequer bills, coins), payment vouchers (cheques, bills, letters of credit, etc.), **securities (shares, bonds, etc.) in foreign currencies**, precious metals (gold, silver, platinum, metals of platinum group) **in any form** or condition, crude and processed natural precious stones (diamonds, brilliants, rubies, emeralds, sapphires and pearls), jewelry and other articles made of precious metals and precious stones, and scrap thereof, as well as property papers:

weit und breit. Und der Begriff ‚gegenüberliegend‘ ist etwas irreführend, wenn man mit je 25 Kilo Transsib-Gepäck über die Weite eines sozialistischen Paradeplatzes hastet.

im „Polonez“

14.30 Uhr. Abfahrt des *Polonez* – 10/8801. In nur 20 Stunden tanzt diese ‚Polonaise‘ bis Moskau – und Terespol, die polnische Grenzstadt, und Brest sind schnell erreicht. Bis 1939 war diese einst polnische, dann weißrussische Stadt an den Ufern des Muchawiez unter dem Doppelnamen Brest-Litòwsk (Litewski, poln.) bekannt – vor allem wegen des hier 1918 von den Mittelmächten und der Sowjetunion geschlossenen ‚Friedensvertrages‘.

Die Grenze zwischen Polen und der Sowjetunion macht allerdings auch heute noch keinen sehr friedlichen Eindruck. Eins ist klar: Diese schwerbewachte Grenze scheint wichtig. Wachtürme, Uniformen und Hunde, Scheinwerfer und Stacheldraht – Utensilien aus dem politischen Gruselkabinett, die ich zwischen zwei befreundeten Staaten des Ostblocks nicht erwartet hätte.

Bevor wir aussteigen dürfen – Paßkontrolle. Russische Pelzmützen! Von langhaarigem, feinem Pelz bis zu kurzborstigem – je nach Typ des Trägers. Nur die Soldaten tragen enttäuschend graue Acrylkopfbedeckungen – aber eine ganze Armee mit Pelztiermützen auszustatten würde wohl selbst die Wälder Sibiriens leerfegen.

Intourist erscheint persönlich direkt an unserer Abteiltür: in dunklem Pelzmantel, mit kaffeebrauner, leichter Wollmütze über blondem Haar, nur eine kleine Haarsträhne hat sich befreit. Ihr rundes Gesicht hinter perfektem Make-up heißt uns in ebenso perfektem Englisch willkommen.

„Are you Mr. Johaentges? – I am from Intourist.“ Walentina erklärt uns die Bankformalitäten. Die Bahnhofsuhren sind schon auf Moskauzeit, von 18 Uhr auf 20 Uhr, gesprungen. „Sie haben zwei Stunden Aufenthalt.“

Wie schon an der spanisch-französischen Grenze und später zwischen der Mongolischen Volksrepublik und der VR China, werden unsere Schlafwagen auf Vierschienengleisen (abseits unserer neugierigen Blicke) umgespurt – hier in Brest von europäischer 1435-mm-Normalspur auf die 1524 Millimeter der Sowjetunion.

Trotz ihres perfekten Englisch ist Walentina allzuleicht durch Karls Fragen irritiert: „Waren Sie schon einmal in Deutschland?“ – „Ja, in der DDR, in Dresden.“ – „Hat es Ihnen dort gefallen?“ – „Natürlich – warum sollte es mir nicht gefallen?“ – „Ist es möglich, auf dem Bahnhof zu fotografieren?“ (Die große Frage, die uns durch die SU begleitet) – „In diesem Bahnhof dürfen Sie das. Allerdings nicht von außen. Es dürfen keine Gleiskörper abgebildet sein. Die Gleise: Njet! Auch dürfen Sie nicht aus dem Zugfenster fotografieren.“ Das irritiert wiederum Karl. – „Warum denn nicht aus dem Zugfenster?“ – „Weil Sie etwas fotografieren könnten, was Sie nicht sehen sollten.“

Schon der alte Karl Baedeker hatte die Rußlandreisenden vor den Gefahren des Fotografierens gewarnt: „Das Fotografieren in der Nähe von Festungen ist natürlich verboten; und sogar an weniger wichtigen Plätzen können die Hüter der Ordnung übereifrig sein.“ Tips aus seinem Reisehandbuch für „Rußland nebst Teheran, Port Arthur und Peking“ (mit 40 Karten, 67 Plänen und 11 Grundrissen). Wie gewohnt akribisch genaue Recherchen. Herausgegeben 1914 in der siebenten Auflage in Leipzig.

Damals diktierten noch die Uhren von St. Petersburg den Bahnhofsuhren des weiten russischen Reiches die Zeit, Lenin lebte noch in Bern, und die Matrosen der ‚Aurora‘ hatten ihre Kanonen noch nicht abgefeuert.

Damals, am Vorabend der Revolution, waren die Grenzkontrolleure besonders scharf auf Papier. Der Zar fürchtete die unkontrollierte Verbreitung der Wahrheit aus den illegalen Druckereien des Untergrunds. „Unbedrucktes Papier sollte nur zum Einpacken benutzt werden, um jeden Verdacht zu vermeiden. Größere Mengen von Büchern werden immer dem Zensor vorgelegt. Reisende sollten Werke politischer, sozialer oder historischer Natur vermeiden", warnte Baedeker (schon) damals.

Intourist begleitet uns zur Bank, wo wir 100 US-$ gegen 64.77 Rubel eintauschen. In einer Zollerklärung ist alles einzutragen, was wir besser nicht verlieren oder verkaufen sollten. „Jetzt brauchen Sie mich wohl nicht mehr", bedeutet das Ende unseres ersten Intourist-Programms.

Und so gehen wir essen. In der Tat sogar zweimal. Zuerst in der großen, schön restaurierten Halle, in der sich knapp 300 Wartende unter einem klassizistischen Stuck-Tonnengewölbe die Zeit mit Lesen und einem einsamen Fernseher vertreiben.

Schon gleich neben der muskeltestenden hölzernen Schwingtür steht die klassische Eisverkäuferin. So, wie ich sie von vielen Fotos kenne, mit rundem Gesicht, eingewickelt in einen langen Wollschal. Sie ist die erste dieser Tausenden von *Babuschkas*, die wir entlang unserer Route durch diesen riesigen Vielvölkerstaat noch sehen werden. Für mich sind sie von nun an einfach die ‚Woollies', die Wollfrauen – viele von ihnen sind Kriegswitwen, die sich mit Hilfsarbeiten ihren kargen Lebensunterhalt verdienen müssen. 20 Kopeken für ein wahnsinnig cremiges Mokka-Eis!

Gleich daneben das Buffet, an dem uns eine ähnlich gekleidete, allerdings erheblich jüngere Frau in Schwarz bedient. Wir kaufen zwei Scheiben Schwarzbrot, eine große Scheibe kaltes Kochfleisch (delikat, aber wie weit liegt Brest von Tschernobyl?) und zwei kalte Spiegeleier.

Die Frau hatte offensichtlich einmal in einer Autofabrik gearbeitet, denn sie stapelt das Fleisch, die kalten Spiegeleier, die Fleischklopse und das Schwarzbrot so kraftvoll aufeinander und packt sie so schwungvoll in schweres braunes Packpapier ein, als seien es Autoersatzteile. Dann verharrt der Daumen auf der Glasplatte, und wir wissen: Der Service ist beendet. 90 Kopeken sind auf das Packpapier gekritzelt – die federleichten Aluminiumgeldstücke klimpern in der Steingut-Tasse nach.

Nach Eiscreme, Fleisch und Eiern, aber noch immer hungrig, stoßen wir gleich nebenan auf einen unerwartet eleganten Speisesaal, der auch schon Baedeker eine Erwähnung wert war: „Gutes Bahnhofsrestaurant". Daran hat sich nichts geändert.

Anfängerglück, denn wir müssen uns erst an das Kyrillisch gewöhnen. Lektion Nummer eins: *Pectopah* liest sich wie ‚Restauran'. Ein großer, quadratischer Saal mit hoher Stuckdecke, Marmorverkleidung an den Seitenwänden, mit reichverzierten Lampen, dunklen, kaum zu bewegenden Holzstühlen, Blumen, gestärkten, weißen Tischdecken, Suppenlöffeln vom Durchmesser eines überdurchschnittlich großen Mundes und alten, goldumrandeten Tellern mit dem Namen der nationalen ‚Restaurantkette': *Pectopah*. Die jungen burgunderrot (wie später in Moskau) gekleideten Kellner reichen uns die Speisekarte in Englisch.

Aus dem Fruchtsaftangebot, das in ‚Bierflaschen' schon auf dem Tisch steht, wählen wir zuerst die Flasche mit den Äpfeln und Karotten. Es ist köstlichster Pfirsichsaft. Später probieren wir die Flasche mit den auf dem Etikett aufgemalten Orangen, und das

Babuschka, Schlange vor dem Bahnsteigkiosk

Getränk entpuppt sich als ebenso delikater Cidre. Und so beginnt diese regelmäßige Unregelmäßigkeit, die erste von Hunderten unbeantworteter Fragen im Lande der Sowjets.

Es ist spät, das Restaurant nur noch zu einem Fünftel besetzt und die Belegschaft – schon damit beschäftigt, die Tische für das kommende Frühstück umzuräumen. Neben den Burgunderroten besorgen vor allem die ‚Woollies' das Abräumen. Lärmend schieben sie stählerne Handwagen vor sich her, lachen viel und entblößen dabei immer wieder unbekümmert jene langen Reihen rostfreier Stahlzähne, die es mir so angetan haben. Sie arbeiten in weißen Kitteln mit *Pectopah*-Aufdruck, aber auch hier in der Wärme des Restaurants sind sie immer mit ihren Wollschals bewaffnet, die Kopf, Ohren und Nacken bedecken.

Die wartende Menge hat längst schon die Waggons erobert, und auch unser Schlafwagen ist schnell gefunden. Unsere Nachbarn im Nebenabteil des *Polonez* sind polnische Geschäftsleute auf dem Weg nach Moskau. Sie verkaufen Werkzeugmaschinen eines Warschauer Maschinenkombinats. Die UdSSR ist ihr größter Kunde, Westdeutschland ihr größter Konkurrent auf dem Markt. Einer spricht Englisch, sein Kollege ein wenig Deutsch.

Kaum 10 Kilometer hinter der polnischen Grenze fließt schon der Wodka. Wann immer ich heute diese international gebräuchlichen schwarzen Diplomatenköfferchen sehe, muß ich an deren Inhalt hier im *Polonez* denken. Sie sind gefüllt mit Lebensmitteln: Wodkaflaschen, Brot, Käse und polnischer Wurst – Reiseproviant.

anstechendes Lachen eines Transsib-Schaffners

Dies ist mein allererster Wodka. Ich hatte keine Angst vor dem Getränk und seiner Stärke. Wirklich! Mir grauste eher vor diesem russischen Ritual, den Mund weit zu öffnen und *sto gramm*, das ganze, volle Glas auf die unschuldigen und nichtsahnenden Polypen und Mandeln zu schütten. Und dann, nach dem ersten Glas, entfährt mir sogar ein: „Es hat gar nicht wehgetan!"

Getrunken wird aus einem Set von kleinen Aluminiumbechern, die im schwarzen Koffer einen festen Platz haben. Dann beginnt dieses ewige Zahlenspiel: „Ein Wodka, kein Wodka!", „Aus zwei mach drei!", „Auf drei Beinen kann man besser stehen" usw. Und dann sind wir auch schon bei der russischen Zahl Hundert: *sto gramm*!

„Hundert Kilometer sind keine Entfernung, Hundert Jahre kein Alter, Hundert Gramm kein Wodka!"

Eines scheint besonders wichtig: „When in Russia – you must drink vodka – when you drink – you must eat!", und sogleich beginnt Andrej mit dem Auswickeln sorgsamst eingepackter wodka-absorbierender Wurst, von Brot und Käse. Da bleibt auf dem Klapptisch gerade noch genügend Platz für die federleichten Alubecher.

Amateure müssen viel essen, Profis hingegen, so lautet Lektion Nr. 2, genügt auch das kurze, kräftige Riechen an einer Scheibe Schwarzbrot. Andrej hatte mir auf dem Korridor schon bis ins unendliche Detail alles über Wodkas und *Schampanskoje* erläutert, kurz: Der russische ‚white label' hat 38 %, der rötlichbraune 40 %.

Reichsbahn-Schaffnerin im Transitzug,

ihre polnische Kollegin Janina im Ost-West-Expreß nach Warschau,

der mongolische Schlafwagenschaffner,

und seine Kollegin aus der VR China.

geräucherte Fischhäppchen und Kaviar im Café „Ogni Moskwi“

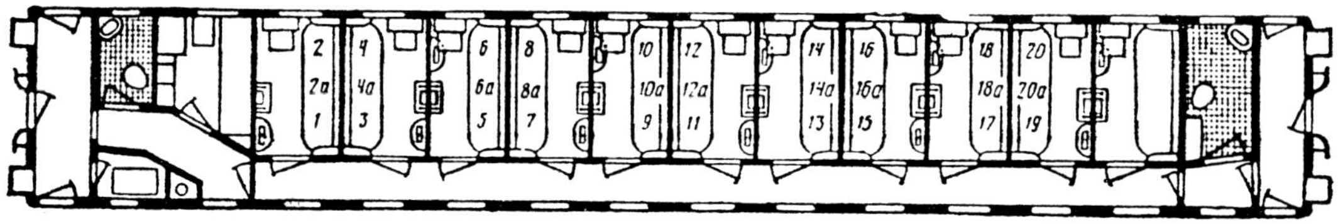

Nach 6 Wodka beginnt Karl eine Diskussion über Napoleon, dann über Eisenbahnspurbreiten, wovon er aber nichts versteht. Von Napoleon auch nicht. Dann ist endlich Bettzeit.

Das mit Napoleon hat durchaus seinen Grund, denn schon ab Brest reisen wir entlang der sogenannten Alexander-Linie. Hier marschierte Napoleons Armee gegen Moskau. 3 Uhr nachts, der Zug bremst ein wenig, als zögere er, dann rollen wir durch den Stahlkäfig einer langgezogenen Brücke. Das muß Borisow sein, die Berésina.

Hier überquerte Napoleon am 14. November 1812, schon vernichtend geschlagen, auf seinem überstürzten Rückzug mit den Resten seiner ‚grande armée' das Treibeis der Berésina. 30.000 Franzosen kamen dabei ums Leben, von den 108.000 Mann seiner ‚glorreichen Armee' waren ganze 36.000 Überlebende übriggeblieben. Aber angesichts der 20 Millionen, die allein die Sowjetunion im 2. Weltkrieg verloren hat, erscheint dies sogar noch als harmloses Sandkastenspiel.

Auch nach Borisow folgt nun die Bahnstrecke der Rückzugslinie der französischen Armee. Eine eher langweilige Strecke durch das unendliche Flachland Osteuropas, in dem nur das Wissen um Vergangenes und die Phantasie den Reisenden zwingen, den Feldern bis zum Horizont zu folgen.

Unser Zweiter-Klasse-Abteil unterscheidet sich sehr von dem, was wir bislang hatten (und künftig bewohnen würden). Links eine Resopalwand mit einem Gepäckgitter, das gerade unsere beiden Rucksäcke aufnehmen kann. Dann noch eine Art Garderobe mit Vorhang. Mäntel sind sehr wichtig hier im Osten Europas.

Zu unserer Überraschung verfügt unser Abteil sogar über ein kleines, tagsüber von einer Holzplatte verdecktes Waschbecken (dessen Ablauf allerdings zugefroren scheint) mit einem Spiegel und einer Ablage mit drei Wassergläsern und Handtüchern. Unter dem Fenster kann man nach Bedarf eine Tischplatte in die Waagerechte klappen. An der rechten Wand drei übereinanderliegende Betten mit einer Art Ledergeschirr, das einen nicht nur vorm Rausfallen aus der obersten Pritsche schützen soll, sondern auch den Einstieg unter die warmen Decken eines polnischen Schlafwagenbettes behindert. Oder ist es nur der Wodka?

Der Himmel ist noch stahlblau – zwischen Nacht und Morgenrot, die Sonne als Schimmer über dem Horizont. Wir rollen durch eine leicht gewellte Landschaft, Eiben, Birken, Wildspuren im Schnee. Dann ein längerer Halt. 5.40 Uhr – Smolensk, die Stadt am Djnepr.

Es muß bitterkalt sein, denn die Menschen draußen zwischen den Gleisen und auf den Bahnsteigen bewegen sich extrem langsam, fast wie im Zeitlupentempo. Die Zugführer hinter den kleinen Fenstern der schweren, grünen Diesellokgespanne lachen. Das Rangieren wird über die überall verteilten Lautsprecher geregelt, zwei Stimmen brüllen irgendwie gegeneinander, manchmal ruhig, dann wieder aufgeregt, ärgerlich und hektisch. Schließlich siegt die Frauenstimme. Ich schlafe wieder ein.

Frühstück! Die Polen stehen schon vor der Tür. Liebe Mutti – hier bin ich nun in Rußland – die Leute sind sehr freundlich – heute morgen hatten wir zum Frühstück 5 Wodkaex, unmittelbar gefolgt von unserer italienischen Salami, westfälischem Schwarzbrot, polnischem Käse und wieder Wodka. Zumindest einer meiner Köpfe sitzt noch auf den Schultern, Blick und Gang sind noch fest. „Salami wspanially!" (Prima!) – Wir tauschen einen halben Kringel unseres Salamivorrats gegen ein Krakauer Gegenstück.

Der polnische Schlafwagenschaffner ähnelt verblüffend dem amerikanischen Schauspieler Jack Lemon. Ein Gläschen würde er auch gerne kippen, aber er darf nicht und macht's nicht – Gorbatschow ist streng.

Nach vier Tagen in Polen erstaunt es mich nicht mehr, daß auch er Deutsch spricht. Nikodem hat zwei Jahre als Maschinenschlosser bei Blohm & Voss in Bremen gearbeitet, gut verdient, sich mit dem Geld in Polen ein Haus gebaut. „Na, so eine Million Zloty hat es wohl gekostet." (Weniger als ein Polski-Fiat, den er aber auch fährt.) – „Ich bin mehr als glücklich, die Arbeit macht Spaß, was will ich mehr?"

Auf dem Gegengleis ein Güterzug mit 60 nagelneuen Gefechtspanzern. Schneeverwehungen, flache grüngestrichene Holzhäuser, Birken, Datscha-Land, eine ganze Siedlung kleiner, schrebergartenähnlicher Häuschen. Wir nähern uns Moskau. Die letzte Station vor der sowjetischen Hauptstadt zieht uns unwillkürlich nach draußen, wir möchten einfach aussteigen wie diese Hunderte von Moskowitern, Familien, Omas, Jugendgruppen. Sie entsteigen den Vorstadtzügen, schnallen gleich neben dem Bahnsteig die

Bretter unter und verschwinden in langen Reihen in den Wäldern. Wochenende. Und Skilanglauf ist *der* Volkssport in der Sowjetunion.

Den Wäldern folgen nun graue, balkonlose Vororte, denen auch ein sonnenklarer Wintermorgen kein Leben einhauchen kann. Die Hinterhöfe Moskaus. Das Bunteste, was ich aus dem beschlagenen Zugfenster erkennen kann, ist eine mit Onkel Lenin im ‚Big brother is watching you'-Stil bemalte Hauswand.

„Über die Moskwa. Schon aus der Ferne sieht man die zahlreichen Kuppeln und Türme von Moskau aufragen. Moskau – Brester Bahnhof." Ein nostalgisches Zitat von Karl Baedeker, der auch die *Gorod*, die innere Stadt, noch gesehen hatte, umgeben von einer zweieinhalb Kilometer langen weißgetünchten Mauer, mit vielen Türmchen und Verzierungen in schillernden Farben. Moskau, die Stadt der weißen Mauern und 450 Kirchen.

Moskau

Moskau! 55° 45' nördliche Breite, 37° 35' östliche Länge, auf der Höhe von Kopenhagen, 5304 km von Lissabon entfernt. Nicht einmal ein Drittel unserer Reise haben wir zurückgelegt.

Polonez - Frühstück: Würst, Käse, Brot + Wodka

10.41 Uhr – pünktlich auf die Minute ist der Polonez im *Belorusski Woksal*, im Weißrussischen Bahnhof eingelaufen. ‚Woksal' – abgeleitet von der englischen Vauxhall Station, dem Vorbild aus dem Mutterland der Eisenbahn und der Dampfmaschine.

Wir hatten bei Intourist den Wunsch nach einem zentralen Hotel geäußert. Aber statt zum ‚National' oder ‚Intourist' in der Innenstadt fährt unser Taxi zum *Cosmos*, einem zur Olympiade von einem französischen Baukonsortium gebauten halbkreisförmigen Hotelkoloß, weit draußen an der Allunionsausstellung, gleich neben dem unheimlich spitzen, 96 Meter hohen Sputnik-Denkmal. ‚Haupteingang' ist der Nebeneingang im Untergeschoß, und das Foyer ist geschmacklos. Die Empfangshalle im Hotel *Ukraina*, einem dieser sieben Zuckerbäckertürme aus der Stalinzeit, ist dagegen richtig gemütlich.

Im Cosmos wohnen meist Westtouristen, aber auch ein paar versprengte DDR-Bürger, denen der Frust auf der Nase geschrieben steht. Denn es gibt hier Valuta-Restaurants und Rubelrestaurants. Das ist schon deklassierend genug. Doch das übergroße Schild neben der Kasse des Rubelrestaurants: „Gäste mit Scheckkarte (d. h. Valuta) werden zuerst bedient!" sitzt auf ihm wie eine Dornenkrone. Deutlicher kann man einem Herrn Marotzke aus der Hauptstadt der DDR seinen 2.-Klasse-Status in der Hauptstadt des Weltkommunismus nicht mehr machen. „Willste 'ne Molle oder Korn?" Aber er meint Wodka: „sto gramm".

Raus aus dem Hotel! Hinunter in die Metro. *WDNCh* heißt unsere Station. 5 Kopeken verhindern, daß sich zwei Stahlbügel ruckartig schließen, wenn man/frau die Lichtschranken der zahllosen Schleusen durchschreitet. Dann treibt uns der Strom eiliger Werktätiger auch schon zu den Roll-

Ankunft am Belorussischen Bahnhof, Moskau

Blick vom Moskwa-Hotel über Kreml und Alexander-Garten

treppen, die uns beängstigend steil, schnell und fast unüberschaubar tief hinunter in Richtung Erdzentrum schieben. Kronleuchterpracht, Marmor und Stuck reichen bis zu den Bahnsteigen, an denen alle 90 Sekunden ein Zug diese täglich sieben Millionen Menschen aufsaugt, um sie in einer der anderen 132 (seit 1930 gebauten) Stationen wieder auszuspucken.

Nur uns in unserer kyrillischen ‚Stummheit' spuckt der Gliederzug nicht dort aus, wo wir *Nemetz* (‚Stumme', Ausländer, ursprünglich Deutsche) es wollen. Vor allem dieses Labyrinth zwischen dem *Plostschad Revoljuzii* und dem *Prospekt Marxa*, die wir beide lesen und identifizieren können, möchte uns nicht loslassen.

Allerdings ist das Irren durch dieses Untergrundmuseum nicht der Grund, warum wir die Hauptstadt der Sowjetunion als ungastliche Stadt (jedenfalls für Einzelreisende) empfunden haben. Das Privileg, als Individuum von den eng gesteckten Intourist-Pfaden abweichen zu können, müssen wir nicht nur mit teuren Übernachtungen, sondern auch mit verheerendem Service bezahlen.

An unserem ersten Tag in Moskau, einem Sonntag, verbringen wir mehr Zeit damit, in der Innenstadt etwas Eßbares aufzutreiben, als beim Sightseeing. Nach drei oder vier vergeblichen Versuchen treffen wir auf einen Leidensgenossen, einen Amerikaner, der an einer Tagung von Ikonen-Restauratoren teilgenommen hatte. Selbst in seinem Hotel, dem *Intourist*, war er bislang erfolglos. Gestern abend hatte er ohne Abendessen zu Bett gehen müssen. Heute sucht er ein *Pectopah* mit dem Mut der Verzweiflung.

Entweder sind sie geschlossen oder reserviert für Reisegruppen. Was hätte wohl Paul Marotzke aus Berlin-DDR dazu gesagt? Selbst wir mit unseren Dollars fühlen uns schon als Menschen 3. Klasse.

Schließlich scheitert sogar (trotz Cosmos-Hotelkarte) der Versuch, zur Toilette des *Hotel Berlin* vorzudringen, am Widerstand des Portiers, des *Schejzar*. Wie ein kleiner Diktator, ein Zar, steht er vor seiner Schwingtür, brummelt nur „Njet!" und kreuzt symbolisch die Arme vor seiner Brust. Dann sagt er in gebrochenem Englisch: „Go away!" Dabei zieht er seine buschigen Augenbrauen hoch, als wolle er sagen: „Geh doch in dein Hotel pinkeln!"

Kriegsveteran, Moskau

Nadja und Irina, die Karl irgendwo auf dem Roten Platz aufgegabelt hat, kommen zu unserer Rettung. Die beiden sind auf der Suche nach Touristen, die ihre Liebesbriefe mit in den Westen nehmen können. Nur Irina sieht russisch aus: dunkle Haare, volles Gesicht, helle Pfirsichhaut. Ihre Cousine Nadja könnte ich mir jedoch wegen ihrer poppigen, grellfarbigen Windjacke, ihrem Pullover und den enganliegenden Jeans (die ihr ein Freund aus New York geschickt hat) eher in einem amerikanischen College vorstellen.

Nadja spricht fast perfektes Englisch und geht für eine Russin ungewöhnlich leicht aus sich heraus. Mit den beiden finden wir den Weg zum altrussischen Tanzrestaurant *Slavinsky Bazar*, ihrem ‚Geheimtip' – der allerdings seit Baedeker in jedem besseren Reiseführer aufgelistet wird – eine Institution. Die beiden öffnen uns auch die Tür zum Dachrestaurant im *Hotel Moskwa*.

Name it: Lachs, roter Kaviar, geräuchertes Wild als Vorspeise, Räucheraal. Und natürlich Boeuf Stroganow. Ein andermal Blinis, Pfannkuchen aus Buchweizenmehl oder Piroggen, mit Gemüse und Fleisch gefüllte Teigtaschen. Nur Borschtsch gibt's keinen.

Und schließlich freunden wir uns nach einigen Mißverständnissen sogar mit einem französisch sprechenden Garderobenwärter im *National* an. Mit seinen 72 Jahren entwickelt er selbst noch nach 23 Uhr, als fast alle Mäntel seine Obhut wieder verlassen haben, Pariser Charme.

Spätestens hier lernen wir Lektion drei: Russen haben zwei Gesichter. Zuerst mal das grimmige, das Njet, das kalte, offizielle, ja vielleicht sogar arrogante Njet – ohne Begründung. Es ist eben so. Neinsagen kann nicht schaden. Aber nach etwas Zeit, und viel *Nitschewo* (Scheißegal), können sich diese zugekniffenen Augen der Ablehnung im stoppelbärtigen Gesicht öffnen. Und das Lachen kann überwältigend sein – denn es kommt aus der Tiefe. Das Lachen fällt einem

Chinesen, einem Amerikaner und auch den Deutschen leichter, aber man kann nicht so sicher sein, daß es aus dem Herzen kommt wie bei den Russen. Ich glaube, Lachen ist in vielen Ländern eine Maske, hier nicht.

„Auf den Märkten Bude an Bude, zweitausendsechshundert Stände hat der Sucharewski Rynok allein, man kann nicht nur alles kaufen, was man in analogen Basarbetrieben Westeuropas kaufen kann, sondern noch vieles, vieles andere. Russisches, Altrussisches, handgestickte Hemdblusen,... aus Delikatessenläden stammende gemischte Warenreste von Kaviar, Käse, Wurst, Butter, Fisch und Obst,... Kleiderhaken aus Ziegenhorn und hauptsächlich die vier ewigen Seiten der russischen Quadratur: Samowar, Gummischuhe, Sonnenblumenkerne und Rechenmaschine."

Diese Schilderung liegt über 60 Jahre zurück. Nein, nicht schon wieder der alte Baedeker, der ‚rasende Reporter' Egon Erwin Kisch hat diese Zeilen in seiner Reportage ‚Zaren, Popen, Bolschewiken' geschrieben. Kisch, genialer Reporter und Kommunist, hatte Moskau 1925/26 besucht, zwei Jahre nach Lenins Tod. Euphorisch, aber kritisch, mit blumiger Sprache und seiner ihm eigenen Freude am Detail beschrieb Kisch sein Moskau. Das Moskau der lumpensammelnden Tataren, der Pasteten, der kreischenden Marktfrauen und das Moskau der neuen Arbeitermacht, Zentrum der Weltrevolution. Es ist die Zeit der NEP (Neuen Ökonomischen Politik), einer liberalisierten Wirtschaft, die Lenin initiiert hatte, die Stalin später erdrosselte, und die Gorbatschow heute wiederbeleben möchte.

Von all dieser Buntheit aus den Beschreibungen Kischs haben wir nur wenig gespürt. Was heute das Leben des winterlichen Moskau noch aus der Tristesse herausreißt, sind die halblegalen Gebrauchtwarenmärkte und die ‚rückständigen' Kolchosmärkte. Vielleicht auch noch das GUM, das ‚Staatliche Universal Magazin' und Shopping-Paradies der Sowjetunion.

Keine Moskoviter, sondern sowjetische Touristen bevölkern es. Reisende, die – ob beruflich oder privat – aus den entfernten Unionsrepubliken den Weg in die Hauptstadt gefunden haben und hier ein Schnäppchen suchen. Ein Paradies auch für Karls Architektenseele. Einen halben Tag verbringt er in diesem ‚viktorianischen Vogelbauer', drei glasüberwölbten Galerien, eine zartgrün, eine zartblau und die dritte blaßorange. Ein Spiel von Farben, Bögen, Brücken, Durchgängen und Läden. Nicht das sahnige Speiseeis zu vergessen.

Bei Baedeker heißt das GUM noch *Torg vuiye Ryadi* (Handelsreihen), Kisch nennt es den ‚Palast der Kaufleute' – gegenüber dem Kreml der Macht. Und verglichen mit seinem GUM leuchtet das von heute nur noch wie ein verblaßter Stern: „...mit tausend Geschäften, Detail und Engros, Restaurants und Teestuben, man weiß nicht so recht, ob man in ein hypertrophisches Kaufhaus geraten ist oder in drei übereinandergestülpte Ausstellungsplätze, ob in ein allzu vielseitiges Messegebäude oder auf einen städtischen Jahrmarkt." – Es lebe die Nostalgie!

Begonnen hatte die heutige Hauptstadt der Sowjetrepubliken als holzumfriedeter

elegante Russinnen im Allunionspark

Wie viktorianische Vogelbauer: die Arkaden des Kaufhaus GUM

Verteidigungsposten von Händlern am Moskwa-Fluß (offiziell 1147), und bis ins späte 19. Jahrhundert war sie auch eine Holzstadt geblieben. Die Revolution änderte zunächst nichts am mittlerweile steingewordenen Gesicht von ‚Mütterchen' Moskau. Auch der ‚Große Vaterländische Krieg' nicht, denn der faschistische Angriff blieb schon in den Vororten Moskaus stecken und fror dort buchstäblich fest.

Die radikalsten Schnitte erfuhr das ‚Mütterchen' ab den 30er Jahren unter Stalin und Chruschtschow. Auch Le Corbusier, der französische Architekturpapst des 20. Jahrhunderts, war in dieses Reinemachen mit der Tradition einbezogen. Er machte der sowjetischen Regierung den gleichen Vorschlag, wie er ihn schon für Algier und andere historisch gewachsene Städte gemacht hatte: „Die alte Stadt schleifen lassen."

Kahlschlag war auch Chruschtschows Zauberwort für die Geburt einer kommunistischen Muster-Metropole des ‚neuen Menschen', der lieber ein ‚*Oblomow*' bleiben wollte. Die Reste dieser ‚Sanierung' findet man heute verstreut zwischen groben Fertigteiltürmen.

Auf den ersten Blick scheinen solche Fortschrittsdenkmodelle im Osten und Westen durch tiefe ideologische Gräben getrennt, im Kern und in den Auswirkungen sind sie sich jedoch sehr ähnlich. Was im Westen unter dem Investitionsdruck eines mächtigen, profitsuchenden Kapitals der Abriß-Birne zum Opfer fiel, wurde in Moskau (oder auch Peking) von den Traktoren eines dogmatischen ‚Klassencharakterdenkens' weggeschoben.

Unser Taxi fließt im Strom des Kalinin-Prospekts (der durch das alte Arbat-Viertel geschlagen wurde) in Richtung Kreml. Wie verloren wirkt doch die Simeon-Stolpnik-Kirche zwischen diesen 25geschossigen Fertigteilsilos.

Der Wolga ist an seiner beigen Farbe und den schachbrettartig versetzten schwarzen Karos auf der Wagentür leicht als Taxi zu erkennen. Er könnte natürlich wie andere Privatwagen auch rot gespritzt sein, in jeder Farbe – außer in Schwarz. Denn Schwarz ist die Farbe der Privilegierten in der Sowjetunion. Ein privater Polski-Fiat in Schwarz – einfach undenkbar.

sowj. „Mercedesstern"

Das Höchste der Gefühle ist, mit einer gemieteten schwarzen Funktionärslimousine *Tschajka* (20 Rubel die Stunde) sein Eheleben zu beginnen. ‚Tschajka' bedeutet ‚Möwe', aber es gibt sie nur in Schwarz – ebenso wie die tonnenschweren *Sil* mit eingebauter Vorfahrt und ohne Tacho, die man mit dröhnenden Reifen aus dem Nordtor des Kreml, dem ‚Erlöserturm', über das Pflaster des Roten Platzes in die Kujbyschew-Straße davonrasen sieht.

			km	2 Exp 12Σ ◆✕
0.00	**Moskva** Yaroslavski	dep.	0	1405A
10.00	Yaroslavl	dep.	282	1737
12.00	Danilov	dep.	357	1850
14.00	Buy	dep.	450	2002A
21.00	Kotelnich	dep.	870	
21.00	Kirov	dep.	957	0312B
27.00	Perm	dep.	1437	0947
32.00	**Sverdlovsk**	arr.	1818	1516
		dep.		1531
36.00	Tyumen	dep.	2144	1928
37.00	Ishim	dep.	2433	2243B
39.00	**Omsk**	arr.	2716	0214C
		dep.		0226
45.00	Novosibirsk	dep.	3343	0956
47.00	Yurga I	dep.	3498	
47.00	Tayga	dep.	3571	1312
52.00	Achinsk	dep.	3920	1821
52.00	**Krasnoyarsk**	dep.	4104	2134C
57.00	Uyar	dep.	4235	
57.00	Kansk	dep.	4351	
59.00	Tayshet	dep.	4522	0347D
65.00	**Irkutsk**	dep.		
70.00	Slyud…	arr.		

im „Rossija"

Drei der neun Bahnhöfe Moskaus gruppieren sich um die prachtvollste aller Metrostationen, die *Komsomolskaja*, benannt nach ihren jugendlichen Erbauern. Vom *Leningradski Woksal* starten die Züge zu den baltischen Staaten, vom *Kasanski Woksal* nach Mittelasien bis südlich des Aralsees zum 2094 km entfernten Taschkent oder nach Alma Ata, dem ‚Vater des Apfels'.

1907 war das 282 km entfernte Jaroslawl an der Wolga Zielstation des *Jaroslawski Woksal*. Heute fahren hier die grün-roten Schlafwagen mit den magischen Schildern ‚Moskwa – Wladiwostok' ab. Täglich und auf die Minute 14.05 Uhr verläßt der *Rossija* (‚Rußland') Nr. 2 Moskau Richtung Ferner Osten. Und täglich um 16.40 Uhr (wenn auch nach 6 Tagen und 9297 Kilometern nicht immer pünktlich) entlädt der *Rossija* Nr. 1 seine Passagiere aus dem Osten in der Hauptstadt.

1891 hatte der Dichter Anton Pawlowitsch Tschechow zu Pferde und mit den zweiachsigen Tarantas noch drei Monate von Moskau bis zum Stillen Ozean benötigt. Im gleichen Jahr erließ Zar Alexander III. das entscheidende Dekret für den Bau der ‚Großen Sibirischen Eisenbahn', die nun in verschiedenen Abschnitten von beiden Zielpunkten aus in Angriff genommen wurde. Am 19. Mai 1891 wurde vom örtlichen ‚Bauleiter' (dem Kronprinzen und späteren Zaren Nikolaus II.) in Wladiwostok mit dem ersten Spatenstich die Arbeit nach Westen begonnen.

Der erste ‚Sibirien-Expreß' erreichte 1898 von Moskau aus Tomsk, Anfang 1899 Krasnojarsk und am Ende dieses Jahres sogar schon Irkutsk. 1902 war auch das Teilstück

die Küchenmeister im „Rossija", das Essen war überraschend gut vom Baikalsee bis Wladiwostok fertig. 1906 rollte der ‚Transsibirien-Expreß' zum ersten Mal über die neue Baikalumfahrung in 12,5 Tagen bis zum Stillen Ozean. Ab 1910 waren es nur noch 10,5 Tage und 1913 konnten die Diplomaten, Snobs und Geschäftsreisenden der Belle Epoque ohne Wagenwechsel in 9 Tagen den Pazifik erreichen.

Damit sich potentielle Reisekunden schon vor Inbetriebnahme der Strecke etwas unter einer Reise durch Sibirien vorstellen konnten, hatte Georges Nagelmackers als Sensation der Pariser Weltausstellung einen ganzen Zug im Trocadero aufgestellt: mit Klaviersalon, Rauchsalon, Kapelle, Frisiersalon, grünem Plüsch, Brokatvorhängen,

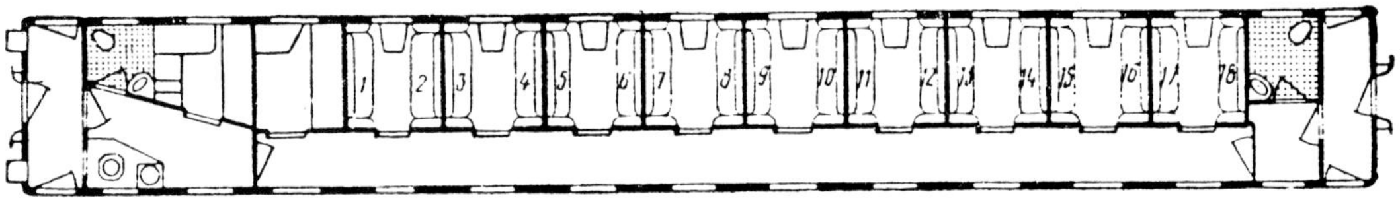

blauen Tapeten, Vertäfelungen aus weißem Lindenholz und goldenen Knöpfen, nun ja, eben allem, was die hochherrschaftlichen Müßiggänger zum gesellschaftlichen ‚Überleben' so brauchten.

Von einem Operndekorateur waren die neuntausend Kilometer Bahnstrecke auf vier verschiedene, etwa einen viertel Kilometer lange Panoramarollbilder reduziert worden, die nun bei erlesener Speisenfolge in verschiedenen Geschwindigkeiten am kauenden Betrachter entlanggezogen wurden. Der Gleiskörper rollte mit fünf Meter/Sekunde, das Buschwerk mit zwei Meter/Sekunde, die Blockhäuser und Städtchen mit einem Meter/Sekunde und Steppe und Horizont wanderten schließlich nochmals um die Hälfte der Geschwindigkeit reduziert an Kaviar nippenden Bewunderern vorbei, um die Aufgabe zu erfüllen, die heute ein Video leistet: Illusionen zu erzeugen.

Transsib - Stilleben: Teeglas und Zuckerwürfel

Für die Strecke von Moskau nach Irkutsk am Baikalsee benötigte der zweimal wöchentlich auslaufende Expreß zu Baedekers Zeiten knapp 138 Stunden. Das kostete 1914 in der 1. Klasse 166 Rubel, die 2. Klasse lag bei 108 Rubel. 1987 zahlten wir für 86 Stunden Transsib von Moskau bis Irkutsk pro Person immer noch genau 108 Rubelchen.

Von außen gleicht der 1902 gebaute *Jaroslawski Woksal* eher dem verspielten „Werk von Zwergen" (E. Newby), einem Knusperhäuschen mit bizarren Türmen, Pilastern, Schießscharten und einem steilen Spitzdach. Innen sind die Wartehallen allerdings trotz der Kronleuchter sehr düster und Ausländer nicht gerne gesehen. Touristen werden meist durch die ‚Hintertür', von der Seite direkt an den Bahnsteig 4 gefahren.

Tags zuvor hatte Karl seine erste Begegnung mit einer Soldatenhand, die sich unerwartet bildfüllend, aber noch freundlich über sein Weitwinkelobjektiv legte. Das rosig runde Gesicht des Genossen Gefreiten machte klar: Ich tue auch nur meine Pflicht. Also kein Foto vom russischen Knusperhäuschen.

Nun erreichen wir den Jaroslawler Bahnhof allerdings erst in allerletzter Minute, und auch nur, weil unser Taxifahrer so tut, als führe er eine schwarze Parteilimousine. Frei nach dem russischen Volkslied: „He Kutscher, schnell zu Jar, und schone, Bruder, nicht die Pferde.“ 90, ja 100 km/h sind keine Seltenheit, rote Ampeln kein Problem. Der Fahrer bremst so dicht wie möglich am Bahnsteig, nicht ohne noch ein paar Babuschkas wegzuhupen.

Die Gleise des Jaroslawler Bahnhofs liegen ohne schützende Halle etwas versetzt zum Hauptgebäude, als hätte der Architekt sich vertan. Wir fragen ein paar nach *Njet* aussehende Soldaten „Rossija – Novosibirsk?“, aber sie bleiben auch beim zweiten Mal stumm. Nach der Bahnhofsuhr haben wir noch 5 Minuten Zeit, aber da wir als einzige mit Gepäck über die *platforma* hasten, und die anderen schon weinen, winken und *Dasswidanja!* rufen, sind wir nicht mehr so sicher.

Sicher ist nur, daß unser Waggon nicht die Nummer 17, sondern die Nummer 2 am entgegengesetzten Ende des Perrons hat – fast einen halben Kilometer entfernt und gleich hinter der Elektrolok *‚WL 60P‘*, ‚Wladimir Lenin‘.

Für unsere ersten 3343 Kilometer Langstrecke bis Novosibirsk haben wir 1. Klasse gebucht – in der Hoffnung, wenigstens einmal auf unserer Reise einen Hauch von Luxus und Plüsch zu erhaschen. Ludmilla, unsere *provodnik*, die Schlafwagenschaffnerin, ist schon auf ihrem Posten. Sie nimmt mir die *biljätt*, die Fahrkarten ab, bevor ich mein linkes Bein über die breite Kluft hoch zu meinem rechten Bein in den *Rossija* ziehen kann.

Karls Gesicht versteinert sichtlich, denn die 1. Klasse ist ungemütlicher als unsere 2. Klasse in Polen. Statt Luxusversion mit Sessel und Waschbecken nur zwei Betten ohne Ablagemöglichkeit. Wir haben eine Klasse zu tief gegriffen! Immer noch Resopal plus zwei Flaschen Zuckerlimonade und ein paar Zuckerstückchen. Ein Vertrauen einflößender, aerodynamisch dahinjagender Zug ist auf das Papier gedruckt, in das diese steinharten, schwer auflösbaren Zuckerwürfel eingewickelt sind. (Das billigste und leichteste Souvenir einer Transsib-Reise.)

Wir machen es uns in Wagen 2, *Couchette* Nr. 11, Bett 3 und 4 gemütlich. Obwohl Karl sich für unsere Resopal-Behausung nicht begeistern kann, bin ich doch beeindruckt von der Geräumigkeit dieser 2-mal-2-Meter-Kabine, die nun für 44 Stunden unsere Heimat sein soll. Man kann sich nicht einmal irgendwo den Kopf stoßen, und die Betten sind angenehm hart.

Der Teppich in unserem Heim paßt zum großen Bruder im Korridor, einem gestreiften, einem Geschirrhandtuch nicht unähnlichen Läufer. Das verblaßte Pfirsichrot mit bräunlichweißen Streifen wird zweimal täglich von Ludmilla mit einem Staubsauger mit zu kurzem Kabel vom Gröbsten befreit.

Normalerweise trägt Ludmilla Dunkelgrau. Rock und Jackett (eine Nummer zu klein), mit einem feingestrickten blaßrosa Acrylpullover als Kontrapunkt, der auch zu ihren blaßrosa Söckchen paßt. Wenn immer der Zug hält, zieht sie sich rasch ihren schwarzen Mantel über, schlüpft in ihre 3/4 hohen Filzstiefel und wirkt mit ihrer offiziellen schwarzen Pelzmütze neben der Tür so abweisend, als wolle sie auch der sibirischen Kälte den Zutritt in Wagen Nr. 2 verweigern.

Oh, boy! Es würde eine heiße Reise werden. Ich hatte erwartet, meine Sachen vor dem Frost schützen zu müssen und nicht vor dem Schmelzen. Ein von Ludmilla gefeuerter Kohleofen versorgt uns nicht nur mit heißem Wasser aus dem Samowar. Pack die

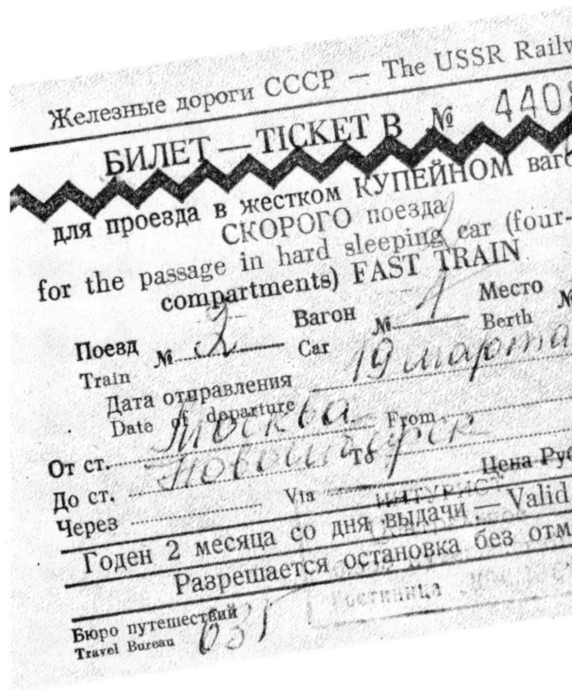

Badehose ein! Mit 9 Schrauben unverrückbar gesicherte Doppelfenster, vier Türen (einschließlich unserer Schiebetür) und jede Menge Polystyrolschaum schützen uns vor dem klirrenden Frost Sibiriens, dem es jetzt im März nur noch nachts gelingt, mit seinen Blumen einen Teil unseres Fensters zu erobern.

„Rossija“ (Rußland)

Es ist wie an einem heißen Sommertag ohne Bräunung – sich einfach hinlegen und lesen. Ich lese Eric Newbys „The Big Red Train Ride“, und Karl wird von Dostojewskis „Aufzeichnungen aus einem Totenhaus“ immer tiefer in die russische Psyche gezogen.

Draußen scheint die Schneedecke höher zu werden. Der halbkilometerlange *Rossija* rollt mit seinen 17 Wagen, seinen vielleicht 600 Passagieren und 40 Mann/Frau Besatzung tatsächlich direkt nach Norden – bis Buy jedenfalls, wo die Transsib nach Osten abbiegt. Zuvor jedoch erreichen wir Jaroslawl, die erste größere Stadt nach Moskau. Hier kreuzt die Eisenbahnschlagader der Sowjetunion die mächtigste Wasserschlagader des Landes, die Wolga.

Im Intourist-Prospekt ist neben dem üblichen Zahlenwerk vermerkt, daß wir durch die Heimatstadt der ersten Kosmonautin der Welt, Walentina Tereschkowa, rollen. Da sehen wir uns die metallenen Teeglashalter schon genauer an: Raketen und Sputniks umschwirren einen Zuckerbäcker-Wolkenkratzer und jagen zum Mond. Sie erzählen von der Eroberung des Weltraums, machen uns Mut, wo wir mit einer Durchschnittsgeschwindigkeit von 60 km/h in die Weiten Sibiriens vordringen.

Schon vor Jaroslawl hatten sich unsere Nachbarn umgezogen. Die Hosen mit Bügelfalten, das graue Jacket, die steifen Hemden oder das geblümte Wollkleid sind nun gegen die Transsib-Uniform ausgetauscht. Die Männer tragen fast alle elektrikerblaue Trainingsanzüge mit einem feinen, weißen Streifen an den Manschetten und an der äußeren Hosennaht. Die Frauen hüllen sich in blumenbedruckte Morgenröcke.

Unsere beiden Nachbarn zur Rechten sind unverkennbar Armenier. Kaum haben wir – noch in Sichtweite der Moskauer Vorstadtsilos – unsere Rucksäcke, das *bagasch* (Sie sehen, das Eisenbahnreisen wurde aus dem Westen importiert) zwischen die Betten unseres Zweierabteils geworfen, da stehen unsere Nachbarn schon mit einer Flasche an der Tür, um uns auf ein paar 100-Gramm-Gläschen einzuladen. Wir lehnen höflich, aber bestimmt ab. Vorläufig.

Hinter Jaroslawl ist ihre Einladung nun nicht mehr abzuschlagen. Aber auch wir hatten vorgesorgt. Trotz Gorbatschow und der Tatsache, daß wir keine Freunde hochprozentiger Schnäpse sind, hatten wir uns im *Berioska*-Shop mit einer Flasche feinstem *Stolichnaya*-Wodka und einer für Russen exotischen Flasche Cointreau eingedeckt. Aber darüber später Genaueres.

Vom Speisewagen bemerken wir zuerst nur die mobilen Verkäufer mit ihren Handwagen, auf denen sie Halbliterflaschen mit Kefir und Joghurt anbieten. Die Flaschen sind durch verschiedenfarbige Folienverschlüsse unterscheidbar, der Inhalt köstlich. 50 Kopeken für einen halben Liter Joghurt. Zwei süße Brötchen kosten 20 Kopeken. Saure Sahne 30 Kopeken.

Die meisten Reisenden versorgen sich hier oder auf den Bahnsteigen mit dem, was an Hausgemachtem in Mamuschkas Freßpaket noch fehlt, denn das Zug-*pectopah* ist ihnen zu teuer. Das Restaurant befindet sich in der Mitte des Zuges, also 7 Wagen oder, anders ausgedrückt, 41 Türen von unserem Heim entfernt.

Olga, der gute Geist des „Rossija“-Küche

Mittagspause der Speisewagen-Mannschaft des „Rossija“ nach Irkutsk

Das Abenteuerlichste dieses Essensganges sind die Übergänge zwischen den Waggons. Hinter der schweren, verrußten Eisentür eines jeden Waggons betritt man unzweifelhaft Sibirien. Fußballgroße Öffnungen geben den Blick frei auf die unter uns dahinjagenden Schwellen. Die krummen, wie zwei Stahlzungen übereinandergreifenden Trittbretter sind nicht nur vereist, sie springen zu allem Überfluß je nach Geschwindigkeit wild auf und ab. Nur die eiskalten Handgriffe geben ein wenig Halt und Sicherheit.

Gegessen wird nach Lokalzeit (Karls Uhr), der Zug rollt nach Moskauzeit (meine Uhr). Borschtsch fehlt auf der Speisekarte. Dieses russische Nationalgericht, Kohlsuppe mit Fleisch, roten Rüben, saurer Sahne und einem Schuß *Kwaß* (aus vergorenem Schwarzbrot) konnten wir in der ganzen Sowjetunion nicht auftreiben, weder hier im Zug noch in besseren Hotels. Eigentlich begleitete sie uns immer nur auf diversen Speisekarten durch die Sowjetunion. Ist Borschtsch etwa eine Saisonsuppe?

Die Soljanka ist allerdings die beste, die wir bislang geschlürft haben. Sie wird in gewaltigen Aluminiumschüsseln serviert, tief und verschüttsicher. (Was Karl nicht daran hindert, die Tischdecke zu taufen.) „Nitschewò!“ – „Macht nichts!“ sagt Olga und lacht ihr rostfreies Lachen. Sie trägt über einem geblümten Kleid einen schwarzen Pullover und über dem linken Busen ihr Eisenbahnabzeichen. Meist sitzt sie an der Kasse, neben dem Abakus und der mechanischen Rechenmaschine.

Ihre kleine handgeschriebene Speisekarte klemmt zwischen zwei Saftflaschen neben einer Vase mit Plastikblumen. Sie ist zwar nicht so eindrucksvoll wie die mehrseitigen Karten der Restaurants in Moskau, aber auf dieser täglich neu geschriebenen Menükarte ist alles bestellbar.

Die mit einer Art Wacholderbaummuster bestickten Gardinen und die Aluminiumtische mit Marmorierung stehen in einem seltsamen Kontrast zu den hölzernen Bänken, unter deren plastikbezogenen Sitzklappen die Vorräte bis Wladiwostok lagern. Karl sitzt meist über den Kartoffeln, ich über dem Kohl. Der Sitz über den Zwiebeln ist nicht so beliebt, der über den Getränken scheint problemlos. Dort, wo die Süßigkeiten lagern, unter den Sitzbänken des Personals, gleich neben der Kasse, mag wohl einmal der

Kohlennachschub für Heizung und Samowar

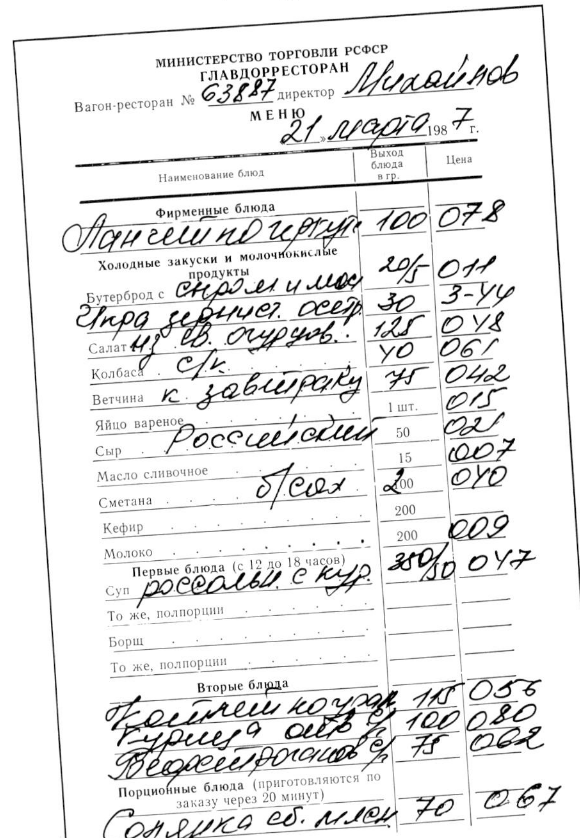

МИНИСТЕРСТВО ТОРГОВЛИ РСФСР
ГЛАВДОРРЕСТОРАН

Вагон-ресторан № 63887 директор Михайлов

МЕНЮ

21 марта 1987 г.

Наименование блюд	Выход блюда в гр.	Цена
Фирменные блюда		
	100	078
Холодные закуски и молочнокислые продукты		
	20/5	011
Бутерброд с	30	3-44
	125	048
Салат	40	061
Колбаса с/к	75	042
Ветчина к завтраку		015
Яйцо вареное	1 шт.	021
Сыр Российский	50	007
Масло сливочное	15	040
Сметана	200	
Кефир	200	009
Молоко	200	
Первые блюда (с 12 до 18 часов)		
Суп	350/50	047
То же, полпорции		
Борщ		
То же, полпорции		
Вторые блюда		
	115	056
	100	080
	75	062
Порционные блюда (приготовляются по заказу через 20 минут)		
Солянка сб. мясн.	70	067

Wodka gelegen haben – aber seit Gorbatschow ist Alkohol von der offiziellen Getränkekarte gestrichen.

Den Kilometer *1777* haben wir verschlafen. Der Ural, die Wasserscheide zwischen Europa und Asien, jenes Gebirge, das uns im Erdkundeunterricht so gewichtig in unsere Köpfe gepflanzt wurde, ist eher unscheinbar, die Eifel dagegen fast ein Hochgebirge. Selbst die übliche Ankündigung des vier Meter hohen Obelisken war unterlassen worden, nun sind wir unversehens nach Asien hineingeschlüpft, ohne seine symbolische Grenze wahrgenommen zu haben.

Swerdlowsk – Industriestadt östlich des Ural, die eigentliche Anfangsstation der Transsib. 1918 wurde hier Zar Nikolaus II. mit seiner Familie von der Revolution, die er mit Papierimportverboten, Polizei und Gefängnis hatte aufhalten wollen, eingeholt und erschossen. Grausam, aber nach 150 Seiten Dostojewski kennt auch Karl kein Erbarmen mehr.

Wie auf jedem Bahnhof der Transsib wimmelt es auch in Swerdlowsk von Uniformierten. War Glasnost schon hier? Fotos erlaubt? Karls zuweilen ängstliche, manchmal nur rhetorische Frage (aller Fragen) an einen seiner Bewacher ist trotz der Reduzierung auf die Zeichensprache unmißverständlich, die Antwort allerdings zweideutig: – „Why not!" Der Tonfall ist streng und kurz, und schon ein flüchtiger Blick hinüber zu Ludmilla klärt die Situation: Der meint „Njet!" Der Polizist hat diese ewige Nachfrage frustrierter Touristen nach dem „Warum?" einfach als Antwort übernommen.

Kaum mehr als 200 Kilometer südlich von Swerdlowsk, ebenfalls an den Ostausläufern des Ural, liegt Tschelyabinsk, der historische Ausgangspunkt der Transsibirischen Bahn.

Sibiriens Eintritt in die Geschichtsbücher beginnt mit der Herrschaft Iwan des Schrecklichen, der 1574 Gregor und Jakob Stroganow aus Nowgorod das Recht übertragen hatte, ‚Sib ir', dieses ‚ruhende Land', zu erschließen. Die Stroganows liebten nicht nur kurzgebratenes Rinderfilet in saurer Sahne. Sie waren auch keine Zauderer und nahmen kurzentschlossen 800 Kosaken (damals verstand man darunter entlaufene Hörige, Freie und Vagabunden) unter dem Kommando des einstigen Wolgaräubers Jermak Timofejewitsch in ihre Dienste, um für den Zaren Sibirien gegen den mächtigen Usbekenfürsten Khan Kutchum und auch die Ureinwohner zu erobern. „Rußlands Grenzen liegen am Knauf eines Kosakensattels."

1604 wurde Tomsk gegründet, 1619 der Jenessej erreicht, 1652 Irkutsk zur Festung ausgebaut. Unter Peter dem Großen begann schließlich die wissenschaftliche Erforschung Sibiriens. Von Novosibirsk, der heute achtgrößten und am schnellsten wachsenden sowjetischen Stadt, der wir uns nun nähern, war noch keine Rede.

Die Trasse der Transsibirischen Eisenbahn folgte ursprünglich einem holprigen, ausgefahrenen Weg mit dem klangvollen Namen *Moskowsko-Sibirski-Trakt*, über den die Weiten Sibiriens erschlossen worden waren – so wie der Wilde Westen Amerikas durch die Trecks der Pioniere.

Mit dem Unterschied: in Amerika wartete die Sonne Kaliforniens – hier in der Taiga

Ludmilla: „Du weißt doch: fotografieren – njet!"

nicht nur Wälder, Pelze, Bodenschätze, sondern auch Millionen von Stechmücken, Urwald und Sümpfe. Als zwangsarbeitende Blutspender Sibiriens sind über Jahrhunderte (bis heute) hinweg Verbrecher und politische Gefangene in die unerschlossenen Weiten der Taiga und Tundra gekarrt worden.

Um die Nachfrage nach Arbeitskräften in den Bergwerken zu befriedigen, wurde die Liste der ‚Verbrechen', die eine Reise in den Osten garantierten, ständig erweitert und zu diesem Zwecke in Rußland sogar 1765 einmal die Todesstrafe abgeschafft.

Zurück in den Rossija. Wir haben (mit Lärmstop im Ohr) wieder hervorragend geschlafen. 6 Uhr Moskauzeit, 8 Uhr Ortszeit – vermutlich bei Baljesino. Schneesteppe, jedoch enttäuschend wenig Schnee. Kaltes Blauweiß gegen das Rosarot der noch versteckten Sonne. Die beiden Schienenstränge laufen wie in einem schützenden Birkenkorridor, in dessen Geäst sich Krähen und Elstern (sie leben von den Abfällen der Züge wie die Möwen von denen der Fähren) unzählige medizinballgroße, schwarze Nester gebaut haben.

Reisenden im Sommer vermittelt das undurchdringliche Grün die Illusion, sie führen nur durch riesige Wälder. Immer nur Birken, Birken, Birken! Jetzt im Winter erlaubt das laublose, kristallüberzogene Gezweig den Blick wie durch eine Gardine in die Ferne. Die Dörfer in der Steppe erinnern uns an Pußtadörfer.

Bahnhof irgendwo in Sibirien

Die leichte Schräglage vieler Holzhäuser läßt auch im Winter den abgrundtiefen Sumpf ahnen, auf den sie gegründet sind. Geduckte wellblechgedeckte *Isbas* scharen sich wie eine kleine Herde um die langen, gebogenen Stangen der Ziehbrunnen. Nur manchmal überragt von den ‚Kathedralen der Arbeit', dunklen Fabrikhallen. Statt Kirchtürmen rauchende Schlote oder auch mal mehrstöckige Wohnblocks. Ansonsten nur Steppe. Schneesteppe.

Kurz nach 2 Uhr Moskauer Zeit, kurz vor der Morgendämmerung, erreichen wir Omsk an den Ufern des Om. In der Hoffnung, irgendetwas von dem Omsk Dostojewskis zu erhaschen, hatte sich Karl sogar den Wekker gestellt. Hier in Omsk hatte Fjodor M. Dostojewski alias Alexander Petrowitsch 10 Jahre seines Lebens im *Ostrogg*, dem Gefängnis der Festung Omsk, verbracht. – Hier entstanden seine „Aufzeichnungen aus einem Totenhaus".

Das Rattern des Zuges fängt sich im Stahlkäfig der Brücke über den Om. Sie muß um 1932 gebaut worden sein, denn E. E. Kisch verglich in seinem „Morgenduft witternden Schnellzug" die gerüstumkleideten Brükkenpfeiler mit Bohrtürmen.

Wir frühstücken mit den beiden Armeniern: jede Menge Hühnerbeine, gepökeltes Schweinefleisch, gekochte Eier, Schwarzbrot, eine Dose japanischen Thunfisch aus unseren Beständen, dann unsere beliebte italienische Pfeffersalami und grammweise Wodka.

Meine Vermutung, die beiden würden mit Schuhen handeln, bestätigt sich. Hauptberuflich arbeiten sie jedoch als Streckenarbeiter an der BAM (Baikal-Amur-Magistrale) und verdienen nicht nur gut an ihren Schuhen und Süßigkeiten, die sie in den Osten schleppen. Sibirien ist das Eldorado der

Sowjetunion, hier wird überdurchschnittlich (zwei- bis dreifach) gut gezahlt.

Georgi, der etwas gefährlicher aussehende Armenier, hatte nach dem Krieg Marshall Gorbaroff (den ich aber nicht im Lexikon finden konnte – oder meinte er etwa Gorbatschow?) von Calais nach Hamburg gefahren. Niklas, der freundlichere der beiden, ist schon Großvater und verkauft tatsächlich auch Schuhe in Irkutsk, womit er sicher auch seine lange Reihe Goldzähne finanziert hat.

Zugegeben – unsere Kommunikation ist recht beschränkt. Georgi spricht zwar ein paar Brocken Wehrmachtsdeutsch, aber ansonsten sind wir auf Zeichensprache angewiesen. Ich muß auch zugeben, daß mich unser Freund Georgi etwas irritiert. Beim Sprechen fährt er immer wieder mit seinen hühnchenfetttriefenden Fingern (laut-malerisch ein Schneidegeräusch imitierend) entlang seiner Kehle.

Als ich ihm zum Beispiel die polnische Wurst anbot, folgte dieser Bewegung ein „Polski, Njet!" und „Heeehssh!". Und als ich mich später taktvoller mit ihm über das außergewöhnlich gute Wetter in Sibirien unterhalte, schnippelt er wieder mit seiner zum Beil geformten Hand entlang seinem weit vorgestreckten Kehlkopf, daß einem angst und bange wird. Das tut er auch mit Vorliebe, wenn er beobachtet, daß Karl wieder einmal Ludmilla oder sowjetische Gleisanlagen fotografiert. Diese ‚Kopf-ab'-Gestik ist wichtiger Bestandteil seiner Zeichenkommunikation, möglicherweise nur eine nervöse Gewohnheit. Vielleicht ist er im Herzen einfach nur ein Metzger.

Ab Omsk wird die Zugfolge der entgegenkommenden Güterzüge beängstigend. In Deutschland war ich davon ausgegangen, unser *Rossija* wäre ein einsamer Zug in Sibirien. Ob wohl mehr als zehn Züge am Tag unterwegs sind? Über 300 Züge rollen täglich in beiden Richtungen zwischen Omsk und Novosibirsk, zwischen den Kohlerevieren.

Schon in den 30er Jahren war die Strecke zweigleisig ausgebaut worden, und wenn man den offiziellen Zahlen glauben kann, bewältigt die Transsib heute die größte Transportbelastung und Zugdichte dieses Globus. Durchschnittlich alle 5 bis 10 Minuten begegnet uns jetzt ein kilometerlanger Güterzug, der für 30 bis 40 Sekunden die Sicht nach Norden verhindert. Und zwischen diese oft kilometerlangen 8000-Tonnen-Züge werden täglich 8 bis 10 Personenzüge gefädelt. Die Transsib ist tatsächlich *die* lebenswichtige Schlagader der Nation, und so wollen wir den Sowjets auch einige ihrer ‚Bahnhofsneurosen' einmal nachsehen.

Wir sehen ohnehin schon alles doppelt und freundlicher. Nach einigen Glas Wodka ist nun auch der Zeitpunkt gekommen, ein paar Gramm von unserem Cointreau zu teilen. Es bleibt noch nachzutragen, daß die beiden Armenier in dieser Hinsicht einen weit professionelleren Eindruck machen als unsere polnischen Nachbarn im Polonez. Mit kleinen Aluminiumfingerhüten möchten sie sich nicht mehr zufrieden geben. Sie benützen der Einfachheit halber die Teegläser mit den herumschwirrenden Sputniks, die ich nun – in Erwartung des bevorstehenden Abends, fast randvoll fülle.

Nicht ohne sie vor dem ersten *na sdaròwje!* mit all unserem Repertoire an Zeichensprache über französischen Stil aufzuklären: die Sitte, Cointreau langsam, ja schlückchenweise, zu schlürfen. Kurz: zu genießen. Nachdem Georgi das fremde Getränk mißtrauisch berochen hat, betrachtet er es kurz gegen das Licht des Abteilfensters, setzt zögernd an – und gurgelt es nach unten. (Ein Wodkaschlucker bleibt ein Wodkaschlucker!)

Dann sagt er für zehn Sekunden überhaupt nichts. Ich glaube sogar erkennen zu können, daß sich sein Gesicht leicht grünweißlich färbt – und dann macht er wieder dieses zischende Geräusch vor seinem Hals. Ich glaube auch, er vermied es später sogar, in Richtung unserer Likörflasche zu sehen.

Als Wiedergutmachung versuchen wir ihn mit unserer Schweizer Schokolade zu versöhnen. Georgi ist allerdings mehr an der Packung interessiert als am Inhalt. Das Papier wolle er mit zu Mama nach Armenien nehmen. (Genauso wie ich die Etiketten von Flaschen und selbst ein Stück rauhes russisches Toilettenpapier mit nach Hannover brachte.) Er zeigt mit seinem Daumen auf die 500-Gramm-Angabe auf der Rückseite. Gramm sind sehr wichtig, haben ihr Gewicht in der Sowjetunion, im Land der himmelblauen und roten Lebensmittelwaagen.

Pünktlich um 9.56 Uhr erreichen wir Novosibirsk, das ‚Chikago Sibiriens'. Eric Newby nennt es das ‚Paris des Ostens'. (Erstaunlich, für wie viele Vergleiche diese Seine-Stadt herhalten muß.) Der 14. Haltebahnhof ist schon 3343 Kilometer und 44 Stunden, 39 Minuten von Moskau entfernt. Der neoklassizistische Bahnhof soll einer Lokomotive ähneln, aber für soviel Phantasie fehlen uns noch ein paar Wässerchen.

Novosibirsk

Noch 1893 hatte der kleine Flecken namens *Alexandrowsk* kaum 3000 Einwohner. In dem 1900 erschienenen Standardwerk ‚Guide to the Great Sibirian Railway' (in dem auch schon so viele dieser Brücken abgebildet sind, die wir nicht fotografieren dürfen) ist das Dorf nur am Rande erwähnt, hat aber schon 15.000 Einwohner und wird mit der Ansichtszeichnung einer geplanten Kirche illustriert.

1903 fand der Flecken mit neuem Namen *Novo-Nikolajewsk* schließlich doch seinen Weg aus der Bedeutungslosigkeit der sibirischen Weiten auf die Landkarten der Welt – mit Hilfe der Eisenbahn. Die ‚Neue Stadt in Sibirien', wie sie seit 1926 heißt, benötigte nur 70 Jahre (15 Jahre weniger als Chikago), um Millionenstadt zu werden.

Hauptstadt Westsibiriens. Sibirien! – das Land der Verschleppten, Verbannten und politischen Gefangenen – von denen des Zaren bis zum Archipel Gulag. Seit dem 16. Jahrhundert klingt ‚Sibirien' wie der Inbegriff von Verbannung oder Bestrafung. Nicht zu Unrecht, denn zwischen 1800 und 1914 waren schon eine Million Menschen nach Sibirien verschleppt worden. (Nach Australien, wo ein wenig Sträflingsblut in der Familie mittlerweile chic ist, nur 160.000!)

Novosibirsk? „Häßliche Stadt!" Das hatten wir schon oft gehört. Uns gefiel diese Mischung von ‚Paris' und ‚Chikago Sibiriens' auf den ersten Blick – trotz der grauen, in Rekordzeit hochgezogenen Mietskasernen, zwischen denen die wenigen alten Holzhäuser untergehen. Die Menschen bewegen sich unbeschwerter als in Moskau – trotz der Kälte. Es gibt weniger Polizisten – und sie bewegen sich auch anders.

Sibirien – Moskau ist weit. Das Klima und die Tyrannei der Entfernung hat einen ähnlichen Menschenschlag erzeugt wie in Australien. Die Leute hier sind einsilbig, aber gastfreundlich – und selbstbewußt, so selbstbewußt, wie es Pioniere immer waren: in Alaska oder Kanada, in Australien oder hier. Genauer betrachtet, begegnen uns hier jedoch nur die Städter, eher die Bürokraten der Pioniere, denn Novosibirsk ist eine 1,4-Millionen-Stadt – auch wenn man ihr das nicht ansieht.

Mit Grüßen von Intourist hatte uns die fließend deutsch sprechende Marina am Bahnhof empfangen. Also hinein in den beigefarbenen Wolga und in 5 Minuten zum Hotel.

Das 1957 gebaute Hotel *Zentralnaja* in der *Uliza Lenina* ist eine Wohltat nach Moskau. Einmal, weil es von Russen bewohnt ist, kein Ghetto für Westtouristen, und noch wichtiger: es ist einfach menschlich, russisch, nett. Uns beunruhigt nicht einmal, daß unsere Zimmertür mit einem verdächtig großen, zugigen Schlüsselloch nicht so recht in den Türrahmen passen will. Der dazu passende Zimmerschlüssel ähnelt dem von Petrus. Er wird – fast rituell – unter den Argusaugen der molligen *deschurnaja*, der Etagenfrau, mit lautem Bäng in einen hölzernen Schlüsselkasten geworfen.

Der Raum selbst verfügt über zwei Einzelbetten, einen Fernseher, ein grün-cremefarbenes Radio mit einem Knopf (an oder ganz leise!) und etwas Unentbehrliches im überheizten Sibirien: einen Kühlschrank.

Fernsehabend. Nach zwanzig Minuten auf der nachts fast menschenleeren Leninstraße kehren wir durchfroren zum Hotel zurück. Weltmeisterschaften im Eiskunstlauf in molliger Wärme zu verfolgen scheint uns sinnvoller. Sport, Orchesterkonzerte, Opern und politische Diskussionen beherrschen das Programm. Im Spätprogramm ein auch für uns ‚stumme' Touristen spannender Spielfilm über eine Bauernrevolte. Und es ist beruhigend zu wissen, daß das Innenleben eines sowjetischen Farbfernsehers ebenso positiv auf leichte Schläge in die Seitenverkleidung reagiert wie das einer bundesdeutschen Glotze.

Winter in Sibirien. Falsch, heute wird der Winter verabschiedet – Frühlingsfest. Die Temperaturen liegen nur noch bei –5 °C im Schatten, in der Sonne beginnen die Schneeberge, die allerorts von Lkws abgefahren werden, entlang der Straße zu schmelzen.

Glasnost was here! Marina versteht, was wir wollen. Das von endlosen Fakten, Zahlen, Höhen, Breiten, Superlativen gespickte Pflichtprogramm schmilzt auf 30 Minuten Taxifahrt entlang der Denkmäler, dem ewigen Feuer und offiziellen Sehenswürdigkeiten zusammen. Was wollen Sie jetzt sehen? Den Vogelmarkt, ein Kaufhaus, die Eisenbahnbrücke über den Ob, die russisch-orthodoxe Kirche, das Frühlingsfest, ein Motocross-Rennen? Wo wollen wir beginnen? Marina ist eine Frau der Tat, und Andrej lenkt den cremefarbenen Wolga über den Ob.

Auf der anderen Seite des schon offenen Flußes, hinter versteckten, alten und verfallenden Holzhäusern liegt der *ptitschij rynok*, der Vogelmarkt. Eigentlich ist es ein Tiermarkt mit nur zwei einsamen Tauben in einem Käfig. Der Eintritt ist frei, der Zugang durch eine Lücke in einem Holzzaun, an dessen Brettern auf kleinen Papierzetteln Betten, Fahrräder und Nähmaschinen zum Verkauf angeboten werden.

Gleich hinter der Zaunlücke warten ein paar Kaninchenverkäufer und ein alter Sibirjake mit der zitternden Mutter einiger Zwergterrier, die er – zugedeckt mit einem seiner Handschuhe – in einer Pappkiste anbietet. 30 Rubel für ein halbes Dutzend dieser halberfrorenen Puppies scheinen astronomisch hoch, vielleicht ist es auch nur der Touristenpreis.

Hauptattraktion sind die Zierfische. Es sind meist Vater und Sohn, die hier bei Minustemperaturen als potentielle Käufer die in tauchsiedererhitzten Aquarien schwimmenden bunten Exoten begutachten. Hier sind die Preise attraktiver – ab Rubel 1.50 aufwärts. Ich glaube sogar, es gibt japanische Kampffische in Gefäßen mit trennenden Papierwänden zu kaufen.

Wir begnügen uns mit Zedernkernen, beliebt und preiswert, allgegenwärtig und auch exotisch, aber hoffnungslos zu essen. Für 10 Kopeken gibt's eine Tasse voll. Wir schütten sie in eine von Karls unergründlichen Jackentaschen, in der trügerischen Hoffnung, sie könnten bis Hongkong weicher geworden sein. Nur Russen mit Stahlzähnen haben eine Chance.

An diesem Sonntag scheint selbst der Schnee besonders warm. Die Parkbänke sind freigeschaufelt. *Maslanyitza*-Zeit. Jeder Stadtteil feiert sein Frühlingsfest, mit roten Fahnen natürlich, jungen Komsomolzen, Reden vom Vorjahr, Blaskapellen. Der Hit vom Rosenmontagszug in Köln, der ‚Entenmarsch', hat auch schon seinen Siegeszug in Sibirien angetreten.

Gleich hinter unserem Hotel, im Kirow-Park, belagern in Pelzen winterverpackte Familien endlose Reihen von Freßständen. Die Rubelchen für das Schaschlik, die eiskalten, gebratenen Hähnchen, Würstchen, Nudeln in Sauresahnesauce und den Marmorkuchen sitzen locker – beste Hausmacherküche, zubereitet von den Belegschaften und Clubs der Innenstadt.

Brücke über den Ob

Von der Sowjetzkaja-Straße aus ist eine der wenigen russisch-orthodoxen Kirchen der Millionenstadt gerade noch zu erkennen. Nur ein paar schwarzgekleidete, um Almosen bittende Babuschkas und der stete Strom von Gläubigen weisen uns den Weg zu einer Baustelle. Der Gottesdienst findet zwischen Stahlstreben, stählernen Baugerüsten, noch unverputzten Ziegelwänden und mit Plastikplanen abgedeckten Ikonen statt.

Das Fotografieren war uns von Intourist ausdrücklich erlaubt worden, denn Kirchen sind in der Sowjetunion schlicht Museen, Gottesdienst eigentlich museumsreife Kulthandlungen, Relikte einer vergangenen Zeit. Aber hier wäre der Anschlag eines Kameraspiegels in den wunderbaren, eigenartig monotonen Wechselgesang von Vorsängerinnen, dem Choral der Babuschkas und des mit einer hohen zylinderförmigen Kopfbedeckung und Stola bekleideten Priesters eingeschlagen wie eine Bombe.

Das perfekte Foto (im Kopf). Das Seitenschiff wird vom letzten Abendlicht eines kristallklaren sibirischen Frühlingstages durchflutet. Das Streiflicht modelliert die unverputzten Ziegel, die gerahmten Ikonen und die geduckten Babuschkas zu ungeahnter Plastizität. Frauen, vor allem alte Frauen, in langen, schwarzen, blauen und dunkelgrünen pelzbesetzten Mänteln und den typischen Wollschals, die auch ihren Kopf einhüllen und sie so gedrungen und halslos erscheinen lassen.

Sibirjaken lieben Blumen – im Winter aus Plastik

In ihrem Schatten halten sie fingerdicke, tropfende Kerzen (mit einem durchlöcherten Stück Zeitungspapier als Tropfschutz), die sie, wenn sie sich während ihres dreitonigen *Gospodi pomilni!* (‚Gott erbarme dich unser!') nicht gerade verbeugen oder bekreuzigen, ständig zurechtdrücken. Dieses vom Choralgesang untermalte Bild hat nie eine Filmebene erreicht, vielleicht ist es deshalb so nachhaltig im Kopfarchiv gespeichert.

Novosibirsk ist sicher keine Weltstadt wie Berlin, kann allerdings schon seit 1944 auf ein Opernhaus verweisen. Um dorthin zu gelangen, müssen wir nur eine hundert Meter breite Paradestraße hinüber zum ‚Platz des Sowjets' überqueren. So breit, daß die einsamen Sonntagsautos wie von einem fernen Horizont einzubiegen scheinen. Vorbei auch an den in Bronze gegossenen Vetretern der Arbeiter, Bauern und Soldaten, vorbei an Vater Lenin mit offenem, flatterndem Mantel und gedankenschwerem Blick in Windrichtung – nach Osten.

Das Opernhaus von Novosibirsk ist immer noch das größte der Sowjetunion und gilt als Talentschuppen russischer Balett- und Opernstars. *Schwanensee* hätten wir vielleicht verstanden, aber die Handlung von Tschaikowskys Oper *Marzepa* bleibt uns in weiten Teilen unverständlich. Aufregender noch als der Chorgesang ist es jedoch, die Sibirjaken einmal aus ihren Mänteln gepellt zu sehen.

Junge Mädchen in bunten Miniröcken und dazu passender Haarschleife in langen Zöpfen. Die Mütter wollen nicht nachstehen, tragen den Lippenstift grell und rosa, dazu verwegen aufgetürmte, zuweilen hennafarbene Frisuren und feingestrickte Pullover, enge Röcke um mächtige Hüften.

Schwere Pelzmäntel aller Preisklassen werden fast zeremoniell an den endlosen Garderoben des Foyers abgegeben. Und über jedem

Tiermarkt, alle Stunde werden die Exoten mit Tauchsieder temperiert

Mantel eine Mütze, selten Wolle, meistens Pelz. Uns sieht jeder die Touristen an, denn wir sind die einzigen Besucher, die ohne Mütze gekommen sind. Hundert Blicke sagen uns: das ist ungesund.

Pelzmützen gibt es in Sibirien in allen Farben und Preisklassen: schwarze, graue, brünette, vom Kaninchen bis zum Zobel, Nerz oder Silberfuchs. Die Preise für letztere liegen bei mehreren Monatsgehältern, eine Anschaffung fürs Leben. Statussymbol mit Ohrenklappen, die aber (wohl aus Eitelkeit) auch in größter Kälte meist hochgeklappt bleiben.

Am nachhaltigsten beeindrucken uns am Rand des Foyers in einem kleinen Museum die Fotos vom Bau des Opernhauses. Verblüffend, wie ein Raumschiff von einem anderen Stern, erhebt sich seine Baustelle 1944 über die wenigen Straßenzüge einer ‚Kleinstadt'. Ja, 1944 – auf dem Höhepunkt des ‚Großen Vaterländischen Krieges' bauten die Sowjets hier ein Opernhaus für 1000 Besucher. Auf den Fotos von damals erscheint es noch um ein paar Nummern zu groß.

im „Rossija"

Pünktlich um 9.50 Uhr Moskauer Zeit, in Novosibirsk also nach dem Mittagessen, Abfahrt des Rossija von Bahnsteig 2 des größten Bahnhofs der transsibirischen Magistrale.

Novosibirsk – Zusteigen in den „Rossija"

Zwei Engländerinnen entsteigen dem Rossija, als uns eine Walküre von Schaffnerin die Fahrkarten abnimmt. „Augenblick bitte, es müssen noch zwei Russen umziehen, damit Sie bei Ihren Freunden wohnen können." Gemeint sind eine Finnin und ein Belgier auf dem Weg nach Irkutsk. Nein, nein – wir möchten gerne auf unseren Betten bestehen. Nichts gegen Belgier und Finninnen! Wir wollen in dieser engen 4-Quadratmeter-Kiste ganz einfach mit Einheimischen durch die Weiten der Taiga reisen!

Novosibirsk ist eine wichtige Eisenbahndrehscheibe der SU. Hier teilt sich die Transsib bis Tayshet in zwei Linien, hier zweigt auch seit 1931 die Turk-Sib Richtung Alma Ata und Taschkent ab. Hier konzentrieren sich Ausbesserungswerke und Lokomotivfriedhöfe. Auf langen, langen Abstellgleisen in Sichtweite neben der Strecke rosten Hunderte der alten Dampfmonster vor sich hin. Es sind so viele, daß es einem richtigen Eisenbahnfreund die Tränen in die Augen treiben muß. Aber das Dampfzeitalter ist nun einmal vorbei, und auch in der SU wurde 1956 der Bau von Dampflokomotiven eingestellt.

Wie es der Zufall will, spricht unsere etwa 50 Jahre alte Mitreisende im Zweiter-Klasse-Abteil sogar ein wenig Deutsch. (Sie hatte es in der Ukraine von Wehrmachtssoldaten gelernt.) Der vierte Fahrgast im Abteil ist ein vielleicht 14jähriger Junge, der die ganze Reise über kein Wort sagt. Seine Geschichte erfahren wir aus dem Mund der Tante. Seine Mutter war vor einigen Wochen gestorben, und er ist auf dem Weg zu seiner Großmutter, irgendwo in der Taiga nördlich von Krasnojarsk, weit, weit weg von seiner kleinen Heimatstadt in der Ukraine.

Irgendwann nach Mitternacht, 21 Uhr Moskauer Zeit. Nach Fahrplan muß es Krasnojarsk sein. Mit sehr gemischten Gefühlen

Süßigkeiten zum Verkauf, Fußgängerbrücke des Bahnhofs Nowosibirsk

30 Rubel für elegante Hundedame mit Jungen, Tiermarkt Nowosibirsk

blicken wir dem Jungen und der Frau nach, als sie hinaus in die Kälte steigen, um mit zwei Koffern im Dunkel der Nacht zu verschwinden. Für uns ist diese Reise nach Osten Urlaub, für den Jungen ein schmerzhafter Einschnitt in einem beginnenden Leben.

In Krasnojarsk überqueren wir den Jenessej, die Landschaft wird merklich hügeliger, stark bewaldet. Später, noch im Dunkeln, erreichen wir Tayshet, ein weiteres wichtiges Eisenbahnkreuz. Hier zweigt die BAM, die Baikal-Amur-Magistrale ab. Es ist die erst vor wenigen Jahren fertiggestellte 3200 km lange nördliche Schlagader durch Ostsibirien, das größte Bauwerk unserer Zeit.

Am nächsten Morgen beanspruchen Fahrgäste mit wenig Gepäck ihre Sitzplätze. Sie fahren bis Sima, 520 Kilometer nur, eine Kurzstrecke in Sibirien. Eine junge Frau in grünem Rock und dazu passendem Pullover beachtet uns zunächst gar nicht. Sie hängt ihren Mantel auf, greift nach einem Buch und beginnt sofort in einer Art gedämpftem Ave-Maria-Tonfall etwas auswendig zu lernen. Der andere Reisende, ein Offizier, sieht so aus, als wolle er mit seinen schwarzpolierten Schaftstiefeln und seiner khakigrünen Winteruniform ins Bett steigen.

Nach mehreren vergeblichen Versuchen, die *Prawda* zu lesen, fällt er über die ‚Wahrheit' in einen Halbschlaf, ohne dabei allerdings an Haltung zu verlieren oder sein Zentralorgan aus den Händen sinken zu lassen. Und dann, als ich mit einem Blechbecher voll Instantkaffee verträumt in die Landschaft starre, schlüpft er schnell mit seiner langen Unterwäsche unter das Bettlaken der oberen Pritsche und schläft bis Sima, wo er ebenso wie aus dem Ei gepellt aussteigt, wie er zugestiegen ist.

Wir erhalten Kohlennachschub. Eine Gehilfin, eine *Matrioschka*, schlägt derweil die gelblichbraunen Eiszapfen unter dem Zug ab, und musikalische Eisenbahner mit langstieligen Hämmern prüfen die Achsen der Schlafwagen. Sie hören an der Klangfarbe eventuelle Versprödungen des Materials oder spüren lose Schrauben auf. Hoffentlich! Babuschkas verkaufen aus genial umfunktionierten Kinderwagen gekochte, eiskalte Hühnerschenkel, gebratenen Flußfisch, Kefir und sogar Kaviar.

Hier ist auch Karl wieder einmal ausgestiegen, ohne zu ahnen, daß es verboten ist, Babuschkas mit oder ohne lange Brennweiten abzulichten. Im Zeitalter von ‚Glasnost' wird das Fotografierverbot auf Bahnhöfen von den vielen grauen Uniformen sehr unterschiedlich gehandhabt.

In solchen Fällen vertraut Karl einer simpeln Methode. Er stellt sich unmittelbar neben einen vielleicht etwas freundlich aussehenden Beamten, blickt mit einem Auge in den Sucher, mit dem anderen Auge schielt er in Richtung ‚Feind'. Wenn der sich blind abwendet, deuten wir das als stille Genehmigung. Im anderen Fall hat der Wachhabende noch vor dem vollzogenen Tatbestand der Spionage die Gelegenheit, seine breite Hand über Karls Weitwinkel zu legen.

In Sima allerdings funktioniert der Test nicht. Der junge, freundliche Polizist sieht und hört nichts, schlendert grinsend weg, Karl beginnt mit seiner Arbeit. Aber da naht auch schon das Unglück, es schleicht sich an Karl heran und reißt lustvoll, fast genießerisch an seinem Kameraricmen. Erwischt! „Njet!" An seinen bunten Abzeichen und seiner teuren Pelzmütze ist er unschwer als Offizier zu erkennen. „Babuschka!" stammelt Karl und verweist auf sein eben noch verlegen lachendes Modell, das gehofft hatte, ihm nach dem Foto einen kalten Hähnchenschenkel zu verkaufen.

„Babuschka – Njet!" – „Woksal – Njet!" Die bekannte Bahnhofsneurose! Kein Sinn für Romantik! Holzhäuser und Provinzbahnhöfe, Märkte oder Erdbeermarmelade verkaufende Babuschkas sind Relikte einer alten Zeit, sie passen nicht zum neuen Zeitalter, zeigen nur den ‚Rückschritt' und sollten so schnell wie möglich abgerissen oder ersetzt werden.

Schon vor Sima hatte Karl in ein anderes Niemandsland sowjetischen Eisenbahnwesens vorzustoßen versucht. Probeweise ohne Kamera. Aber der Schaffner der ‚harten' Dritter-Klasse-Waggons hatte ihn sofort erspäht. „Njet" – Kein Zutritt in die unterste Reiseklasse der klassenlosen sowjetischen Gesellschaft, in der Nadja und Andrej Normalverbraucher reisen. Die offenen Abteile mit harten Pritschen (so, wie wir später in China gerne gereist sind) passen nicht in das Bild, das uns die Sowjets mit nach Hause geben wollen.

Kaum hat unser Zug Sima verlassen, schiebt sich auch schon Genosse Brigadier, der Zugführer, durch unsere Abteiltür. Karl muß mit zum Zugbüro, der Nachrichtenzentrale, wo wir ihn nur mit viel Zeichensprache, *Druschba!*-Beteuerungen und unter Zuhilfenahme unserer beiden Bildbände „Bilder einer Weltreise" und „Neuseeland" (die weite Welt gefiel ihm unzweifelhaft) daran hindern können, daß ein Protokoll von Karls Verfehlung geschrieben wird. Kein Protokoll! Aber ab Sima warten nun an jedem Bahnhof ein paar graue Männer auf Karl. Zielstrebig eilen sie zu unserem Waggon, und ihre Rastlosigkeit legt sich immer erst, wenn sie seine blaue Daunenjacke erspäht haben.

Nur der Schaffner von Wagen 12 scheint unsere Leidenschaft für russische Bahnhöfe und Babuschkas zu teilen. Er ist Schwarz-weiß-Fanatiker, Besitzer einer russischen *Zenith*-Kamera und kann ohne Probleme eine getarnte Leica von einer Olympus unterscheiden. Er verrät mir den Grund unserer Sonderbehandlung: Die Warnung lautet „Korrespondent" – das schlimmste Etikett, daß man sich als Reisender in der Sowjetunion denken kann – fast ebenbürtig mit Spion.

„Haben Sie aus dem Fenster fotografiert?" Eine Frage, die wir glaubhaft verneinen können. Seit der Holländerin von Wagen 12 in Sima der Film aus ihrer unschuldigen, kleinen Instamatic gerissen worden war, fotografiert auch Danny, der kettenbewehrte Belgier, nur noch heimlich. In der verzweifelten Hoffnung, die physikalischen Gesetze der Optik doch noch überlisten zu können, drückt er wie alle anderen seine kleine Pocketkamera an die doppelverglasten, von neun Spezialschrauben gesicherten, beschlagenen, grauen Fensterscheiben im Gang des Transsibirien-Expreß.

Mit dem Fotografier-Verbot scheinen die kleinen Bahnstationen um so schöner zu werden. Blaßgrün oder in feinem Pastellblau erheben sie sich oft mit Grandezza, fast schon wie eine Kirche, nur nicht so hoch, dafür breiter, über die alten Blockhäuser und neuen Steinbaracken namenloser Provinzstädtchen. Überragt nur von wunderbaren, oft schon ausgedienten, auseinanderbrechenden Wassertürmen, halb Ziegelmauerwerk, halb Holzbau.

Sima – ein typischer, kleiner Holzbahnhof

All diese Städtchen und Dörfer scheinen kein Zentrum zu haben. Sie schmiegen sich einfach an die Rückseite der kleinen Bahnhöfe, um sich von dort aus schüchtern in die undurchdringliche Weite des sibirischen Urwalds, der Taiga, auszubreiten. Vorbei an bahnhofslosen Siedlungen, rauchenden Schornsteinen und den allgegenwärtigen Babuschkas.

Die Mehrzahl der Menschen, welche die schwere Dreckarbeit entlang der Strecke erledigen, sind Frauen, diese Walküren aller Altersklassen in Schwarz, deren Schals ihren Körper so konturenlos mit dem Kopf verbinden. Ihre orangefarbenen Sicherheitswesten machen sie noch unförmiger. Mit gefriersteifen Bewegungen stemmen sie die eingefrorenen Weichen auf, schaufeln Wege frei, schleppen schwere, wassergefüllte Blecheimer oder halten, wenn unser Zug passiert, ihre gelben Flaggen unbeweglich in die eisige Luft der Taiga.

Alle Brücken und Tunnels sind bewacht. Soldaten mit Maschinenpistolen und Ferngläsern schieben vor weißen, manchmal aber auch getarnten Wachhäuschen Dienst. Das hat Tradition. Die Eisenbahn Rußlands ist immer wie eine Achillesferse geschützt worden. Anfangs vor den Tataren und den Sibirjaken (die sich um ihr Transportmonopol betrogen sahen), dann vor deutschen Sabotageakten, und heute?

Ostsibirien fliegt zwischen zurückgezogenen, weißen Vorhängen vorbei. Wie ein Film, nur unterbrochen von endlos langen Güterzügen. Lastwagen, Holz, Kohle, Öl, Stahlrohre für Pipelines und Panzer haben sie geladen. Alles schon aufs genaueste von amerikanischen Spionagesatelliten registriert. Da bedarf es auch keiner Leica mehr.

Die Sonnenaufgänge sind für mich das Schönste der Transsib. Das erste Tageslicht, wahrgenommen aus der Horizontalen eines rollenden Hotels. Der Blick nach Südosten, dieser langsam das Stahlblau der Nacht verdrängende Schimmer des Morgens, dann der aufsteigende Feuerball hinter dem Vorhang des Birkenkorridors. Ein paar Dörfer, lange Reihen Pferdegespanne und Lkws vor einsamen Schranken. Dieses Gefühl des neuen Tages, der Bewegung, der Verbindung von Zeit und Raum, der ständigen Wiederholung, die sich zu einem unauslöschlichen Bild verdichtet. Dann wieder Schlafen bis zum Aufwachen.

Aufstehen. Zum Frühstück in den Speisewagen (in der Hoffnung, inmitten der Konfusion von Moskauer und Ortszeit die Essenszeit zu treffen), schreiben, lesen, ein Nickerchen oder der Klönschnack auf dem Gang. Langeweile war uns auf der Transsib ein Fremdwort.

Der Korridor ist unzweifelhaft das Kommunikationszentrum des Waggons. Hier verstricke ich mich anfangs gerne mit Anna und Danny in endloses Globetrottergarn. Danny ist voll davon, er weiß von messertragenden Schlitzohren in Südamerika, bewaffneten Schmugglern in Mexiko, Überfällen auf Deutsche in Thailand zu berichten. Dreimal war er auf seiner Weltreise schon ausgeraubt worden. (Wir kennen trotz mehrjähriger Weltreisen solches nur vom Hörensagen.)

Wie zur Warnung – vielleicht ist es jedoch eher ein Lockmittel – trägt er eine leichte Fahrradvorhängekette um den Hals, und es hätte einer Operation bedurft, ihn aller seiner über den ganzen Körper verteilten Bargeldmittel, Reiseschecks und Dokumente zu berauben. Er trägt eine jener Hosen mit tiefen Taschen im Beinkleid, die einen Rucksack ersetzen. Unkomfortabel, aber sicher.

Bleibt die Frage, warum wir Fernreisende (wir natürlich nicht ausgenommen) so voller

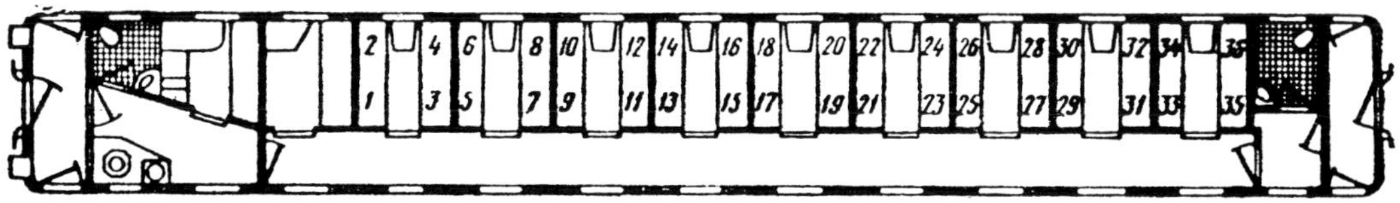

schöner Schauergeschichten von unseren Reisen zurückkehren. „Nichts ist besser für die Selbstachtung als das Überleben“, bemerkt schon Martha Gellhorn in „Travels with Myself and Another“.

Den Weg siegreich in überfüllte Züge hinein- und aus Nepplokalen wieder herausgefunden zu haben, eine indische Nacht mit Millionen von Moskitos überlebt oder gar einem Beinaheabsturz (das ‚gleiche Flugzeug‘ ist zwei Wochen später abgestürzt...) entgangen zu sein, das zählt eben mehr als die schon alltägliche Episode, auf der großen chinesischen Mauer gestanden zu haben. Was ist schon der Anblick der größten Glocke der Welt im Kreml gegen die Demütigungen durch einen Moskauer Türsteher?

So möchte auch Karl nicht jene schon erwähnte Geschichte zurückhalten, diese Story, die er schon im Transit-Zug von Helmstedt nach Berlin Klaus Bruder so bittersüß erzählt hatte. Ohnehin nähern wir uns Irkutsk, dem Ort des Geschehens, dort wo er als Leiter einer Reisegruppe von elf

Jackie in unserem Zweite-Klasse-Abteil des „Rossija“

Der Frühling verwandelt die Straßen von Irkutsk in eine Seenlandschaft.

Lehrern, einem Fleischergesellen und einer Bibliothekarin auf dem Weg nach China zwei seiner Schäflein, eben Rudolf und Klaus, verloren hatte.

Sommer 1981. Die Gruppe hatte gerade erst den Transsib-Koller überstanden: Die so plötzliche, unausweichliche gegenseitige Nähe der Reisenden und die eingeschränkten Bewegungsmöglichkeiten hatten zu einem erhöhten Alkoholkonsum geführt. Die für die 6tägige Bahnreise vorgesehenen Kästen Bier und Wodkaflaschen waren schon in Omsk ausgesoffen, und der bayrische Metzger Hans (zu allem Überfluß auch noch ‚anonymer Alkoholiker') konnte von Karl kaum noch bei der Stange seiner Abstinenz gehalten werden.

Hinter Novosibirsk wurde der *Schampanskoja*-Vorrat des ‚Pectopah'-Wagens in Angriff genommen. Die anschließende eineinhalbtägige Moraldiskussion, ob man in zwei Stunden das Monatsgehalt eines russischen Arbeiters versaufen dürfe, spaltete die Gruppe in zwei Lager. Nun war der (relativ) abstinente Reiseleiter Karl als Reisepsychologe gefragt, verteilte als Beschäftigungstherapie chinesische Ansichtskarten zum Vorschreiben und zum Zeitsparen in China.

Eine chinesische Ansichtskarte von der Transsib mit sowjetischen Briefmarken verschicken! – war das nicht eine supergeile Sache? Klaus und Rudolf kamen ‚pünktlich' von der Poststelle zurück, glaubten erst, sie hätten sich im Bahnsteig geirrt, aber standen nun – einer im Trainingsanzug, der andere im Schlafanzug – mitten im sommerlichen Sibirien. In der Hand ein Portemonnaie und Briefmarken.

Der Verlust brachte Leben in die Gruppe – Unglück schließt zusammen. Was tun? Telefonieren? Das Bordtelefon war Karl verwehrt, und 10-Minuten-Stopps sind in der Sowjetunion für ein Ferngespräch bei weitem zu wenig. Erst die vier Stunden Wartezeit an der sowjetisch-chinesischen Grenze brachten die Wahrheit an den Tag: Die beiden saßen immer noch im Schlafanzug in Irkutsk und warteten auf die für ihre Weiterfahrt notwendigen Pässe, die nun im Gegenzug samt Gepäck zurück nach Irkutsk geschickt wurden. Die Bürokratie hatte wieder einmal gesiegt.

Irkūtsk

1987 – Ankunft in Irkutsk – 52° 17' nördlicher Breite, 104° 16' östlicher Länge – 5191 km und 86 Stunden von Moskau, 10.495 km von Lissabon entfernt. Auf dem 25. Haltebahnhof nach Moskau, auf der Höhe von Hamburg, scheint sich der Zug fast völlig zu entleeren. Koffer, Kinder, Holzkisten und Pelzmäntel aller Preisklassen sammeln sich auf dem eisüberfrorenen Bahnsteig. Rufen, Suchen in der Nacht. Intourist hat uns schon gefunden – ein Riese von Russe mit nettem Lachen und Kaninchenfellmütze gegen ‚Väterchen Frost'.

Eine Kaninchenmütze in der Pelzhauptstadt der Welt! Aber vielleicht verdient er ja schlecht, vielleicht ist er auch nur ein Tiefstapler oder sogar Gegner der Silberfuchsjagd. ‚Pelze machen Leute!' haben wir hier in der Sowjetunion längst verinnerlicht, versuchen stets von der Pelzmütze auf den sozialen Status des Trägers zu schließen.

Pelz war immer eine Währung in Sibirien, auch der Zar hatte Pelze als Tribut gefordert, der Zobel war das Gold. 1652, so sagt es die Chronik, wurde Irkutsk von Kosaken als Winterquartier und Handelsstation an der Angara unterhalb ihres Abflusses aus dem Baikalsee gegründet. Mit seinen Pelzkontoren entwickelte es sich schnell zum größten Umschlagplatz von Rauchwaren.

Mitte des 19. Jahrhunderts galt Irkutsk dann als Zentrum der politischen Regimegegner. Die Dekabristen, junge liberale Gardeoffiziere, waren 1826 nach einem mißlungenen Militärputsch mit ihren Familien zu Zwangsarbeit nach Ostsibirien deportiert worden. 1856 wurden die Adligen zwar begnadigt, der Strom politischer Sträflinge nach Ostsibirien wuchs jedoch an.

Als Ausflug von Irkutsk aus hatte Karl Baedeker 1914 das Dorf Alexandroskoje mit dem großen, gut erhaltenen Zentralgefängnis empfohlen. Dieser Ausflug steht heute nicht mehr auf dem Programm von Intourist, wohl aber ein Dorf am Baikalsee, das wir gebucht hatten.

Wir verstauen unser Gepäck in einem Minibus und starten zu einer eineinhalbstündigen Nachtfahrt zum 65 km entfernten Listwjanka. Im Vertrauen auf die schönen Worte eines Intourist-Prospekts und mit all meinen naiven, romantischen Erwartungen (die mich trotz vieler Enttäuschungen nie verlassen) warte ich geduldig darauf, auf den Vorhof eines kleinen Hotels in einem unschuldigen kleinen Dorf direkt am Baikalsee zu rollen. Und dann eine steile Auffahrt hinauf zu einem langgezogenen Betonungetüm, dem ‚Hotel Baikal' – allerdings ohne Zweifel mit guter Aussicht.

Unser Zimmer 307 mit Seeblick liegt an einem 20 Meter langen, mit insgesamt kaum mehr als 5 Watt pro Meter beleuchteten Korridor. Wir nennen es einfach ‚grünes' Zimmer, denn es verfügt nicht nur über ein wunderbar plastikgrünes, aber totes Telefon, sondern auch über dunkelgrüne Gardinen als Kontrastprogramm zu den erbsengrünen Stühlen und dem Beistelltisch. Das Bad ist ein Lehrbeispiel für Pfusch am Bau. Die Farbe ist zwar nicht grün, aber sehr ungleich verteilt, und die Wandfliesen sitzen so schief, als hätte eine Kindergartengruppe sie verlegt.

Schnell die arg ungleichen Stufen des Treppenhauses hinunter zum Speisesaal. Dort warten wir artig am Eingang, denn seit Brest, ja schon seit der Hauptstadt der DDR, haben wir gelernt, daß man auch im leersten Restaurant einen Tisch zugewiesen bekommen muß – keine Diskussion.

Im Speisesaal sind wir unter Deutschen, genauer Sachsen, Winterurlaubern, Skilangläufern ‚von driebn'. Das Frühstück, ungewohnt, aber wohlschmeckend, besteht aus einigen Scheiben kaltem Bratenfleisch, einem Glas dicker *Teriazenka*-Milch und einer Schale saurer Sahne auf *blinis*, Pfannkuchen. Als krönender Abschluß eine Art Frischkäse-Dreieck mit zwei Eßlöffeln kubanischem Zucker garniert – an diesem Süßstoff besteht zwischen Brest und Irkutsk wirklich kein Mangel.

Heute nacht lag die Außentemperatur nur noch bei –21°C. Und nun Vogelgezwitscher im Birkenwäldchen. Sibirischer Frühling. Die Morgensonne dringt warm durch die weiten Fenster des grünen Zimmers Nr. 307, lockt uns hinunter zum Eis des größten und tiefsten Süßwassersees der Welt.

1620 Meter soll der *Bai-kul* an der tiefsten Stelle messen, ganze 1.80 Meter soll die Eisschicht in diesem Jahr dick sein. Das Eis ist klar, jeder Quadratmeter ein Kunstwerk, tiefblau bis milchig, durchzogen von Spannungsrissen und langen Straßen kleiner Luftbläschen. Das Eis hält auch große Frachtschiffe mit Tausenden von Bruttoregistertonnen fest umschlossen. Jetzt im Winter werden sie ersetzt durch Jeeps und schwere zweiachsige Lkws, die mit Höchstgeschwindigkeit über die Eispisten jagen. Beliebt sind auch grüne 500-ccm-Motorräder mit Seitenwagen, die sich (allerdings vorsichtiger) ihre Idealstrecke über das Eis zum Zielort suchen.

Die meisten fahren hinüber nach Baikal, dessen Lagerhallen und Verladekräne sich gegen die verschneiten steilen Gebirgshänge abheben. Bis 1905 war dieser Hafen der Endpunkt der Irkutsk-Baikalsee-Zweigbahn. Hier starteten die Fährboote mit den Schlafwagen der CIWL hinüber nach Babuschkin, dem Beginn der Transbaikal-Bahn.

Oberhalb des Dorfes der kleine Friedhof. Eingerahmt von niedrigen eisengerankten Zäunen, ist jedes Grab mit einem kleinen Holztisch für das österliche Picknick am Grab des Verstorbenen ausgestattet. Ein Sowjetstern oder ein russisches Kreuz geben einen vagen Hinweis, in welchem Frieden die hier Liegenden ruhen.

Listwjanka wirkt verglichen mit den Flekken entlang der Transsib wie ein Museumsdorf. Es ist ein Museumsdorf. Gepflegte, mit Schnitzereien geschmückte Holzhäuser säumen das Seeufer und einen kleinen Flußlauf bis zur russisch-orthodoxen Kirche. Topfblumen hinter Eisblumenfenstern – die Sibirjaken lieben Blumen. Auch die Ziehbrunnen sind noch in Benutzung. Kurz, ein malerisches Dörfchen, von dem man sich wünscht, es wäre die Realität in der Sowjetunion.

Zurück in Irkutsk. Unser Zimmer 930 liegt im 9. Stock des modernen Intourist-Hotel, aber leider ohne Blick auf den Fluß Angara und den schönen Bahnhof auf der gegenüberliegenden Flußseite, den wir nicht fotografieren dürfen. Das Frühstück ist nicht annähernd so gut wie in Listwjanka, als Überraschung gibt es jedoch echten Espresso in echten Espressotassen.

Irkutsk ist voller wunderbarer Holzhäuser – allerdings in den unterschiedlichsten Stadien der Erhaltung und des Zerfalls. Überall lauern meterlange Eiszapfen wie die berühmten Schwerter am seidenen Faden. Das Dekabristen-Museum ist leider geschlossen, in der Kirche der Kreuzerhöhung wird eine Messe vorbereitet. Schräg gegenüber hat sich eine besonders lange Schlange gebildet – eine Wodkaschlange.

Es ist in wenigen Tagen deutlich wärmer geworden. Tagsüber klettert das Thermometer sogar auf –2°C im Schatten. Die Sonne, der wir ausgerechnet in Sibirien unseren ersten Sonnenbrand des Jahres verdanken, verwandelt auch die Straßen dieser Pelzhauptstadt in eine bizarre Mixtur von Pflaster, Schmutz, vereistem schwarzem Schnee und Pfützen, die langsam zu kleinen Matschseen anwachsen. Vor allem die Babuschkas haben es jetzt schwer, sie hangeln sich entlang der Hauswände, klettern über die Eisberge und Grate dieser fjordähnlichen Matschseenlandschaft.

Am Ufer der Angara verharren auch ein paar vereinzelte Eisangler in eisiger Bewegungslosigkeit. Stundenlang meditieren sie (frierend?) über einem Eisloch, um ein paar knapp zehn Zentimeter lange, mickrige Fische aus ihren mühsam gedrillten Eislöchern zu zerren. Sie tauchen meist erst am späten Nachmittag auf und bleiben bis zur Dämmerung. Einige haben nicht einmal ihre Pelzmützen heruntergeklappt, andere haben sich wiederum aus Plastikplanen kleine Zelte gebaut, um sich gegen den eisigen Wind vom Baikalsee zu schützen.

Zurück im Hotel, stoßen wir wieder auf ‚Westtouristen', eine Gruppe von Bergsteigern, die sich mit ihren Daunenjacken, nordischen Skimützen und Bergstiefeln im Foyer aus der Masse der Osttouristen abheben. Wir tippen auf Schweizer Bergsteiger, aber weit gefehlt: Sie sprechen Sächsisch und kommen aus Dresden und Mecklenburg.

auch viele Bruttoregistertonnen hält das Eis in festem Griff gefangen

Das 1.80 m dicke Eis des Baikalsees trägt Lkws.

Jan, Hartmut, Wolfgang, Martin und Burkhard – ‚Ost-Globetrotter' im wahrsten Sinne des Wortes. Ins ‚Intourist' kommen sie nur zum Umtauschen ihrer Ostmark, die sie erfreulicherweise zum gleichen Kurs wie die harte Deutsche Mark in Rubelchen verwandeln. Ansonsten scheuen sie diese Institution wie der Teufel das Weihwasser – denn dort wird nach ihren Visa gefragt, die ihnen fehlen. Seit 6 Wochen schlagen sie sich schon in der ‚Grauzone der Legalität' durch die Sowjetunion.

Um 21 Uhr australisch-deutsch-deutsche Party in Zimmer 930 – in das sich die ‚von drüben' leider hineinschleichen müssen, denn sie wohnen in einer kleinen Pension am Bahnhof – ohne Komfort, aber unbehelligt von schnüffelnden Hotelangestellten.

Bei ein paar Gramm Wodka und sonstigem gehen unsere Geschichten mehrfach um den Globus. Beide Seiten haben viel zu erzählen – die fünf erzählen uns die besten Travelstories seit langem. Wie sie den Weg hierher in die Weiten Sibiriens gefunden haben, möchten wir an dieser Stelle nicht verraten. Das würde vielleicht so manches Nadelöhr verstopfen, denn auch für DDR-Bürger ist das Reisen ins Mutterland des Sozialismus mit Anträgen gepflastert und als Einzelreisende fast unmöglich – aber eben nur fast.

Die fünf sind sogar für Survival in Sibirien ausgerüstet, übernachten im Zelt und häufig bei Bauern. Denn die Sibirjaken, die jedem pelzlosen Kleidungsstück unter 10 Kilo Gesamtgewicht mißtrauen, laden sie als Akt der Lebensrettung einfach nach Hause ein: Daunenjacken seien eher etwas für die warme Stube als für −30 °C. Diese Fehleinschätzung brachte ihnen auch so manche Mitfahrgelegenheit in Militär-Lkws.

Für die Überquerung des Baikalsees hatten sie Expeditionsschlafsäcke, Leichtzelte, Kletterseil und Steigeisen auf einem selbstgebastelten Schlitten verstaut. Aber die Eishaut des Baikalsees ist nicht überall so glatt und faltenlos wie am Ufer von Listwjanka. In der Zeit des Wachsens zwischen November und Dezember wird das Eis häufig von Stürmen zerstört und zu manchmal unüberwindlichen Packeisfeldern übereinandergeschoben.

Solche Eisgebirge zwangen die Dresdener schließlich nach 20 Kilometern, den Schlitten aufzugeben und ihre 30-kg-Rucksäcke die restlichen 32 km selbst über den Baikalsee zu tragen. Erst in der Dunkelheit, nach 14 Stunden Gewaltmarsch erreichten sie die Ufer von Turka. Sogar eine *Gostiniza*, ein ‚Hotel' gab es hier.

Nun sind die Ost-Globetrotter auf dem Weg zurück nach Novosibirsk, von dort aus wollen sie mit der Turk-Sib nach Mittelasien, nach Alma Ata. Während die westliche Abenteurerszene in Pakistan bis zu den Abhängen des Nanga Parbat oder nach Kaschkar in China vordringt, erobert wenige Kilometer weiter westlich die östliche Reise-Avantgarde abenteuerlich und oft illegal die Abhänge des *Peak Kommunisma*.

Letzte Meldung aus Dresden: Die fünf sind wieder gesund zurück. Irgendwo waren sie jedoch ins Netz der örtlichen Polizei geraten. Die zeigte zwar eine gewisse Sympathie für ihr Abenteuer, setzte sie aber trotzdem unerbittlich in ein Flugzeug nach Moskau. „Von dort", schreibt Jan aus Dresden, „haben wir noch mal einen kurzen Umweg über das Baltikum und Lettland gemacht." So muß es sein.

Unser letzter Tag in Irkutsk. Unsere Freunde aus Dresden sitzen schon 9 Stunden im Expreß nach Mittelasien – in der ‚harten Klasse' versteht sich. Auch wir bereiten uns auf die nächste Etappe vor, die Mongolei. Schon hier in Irkutsk sind die Gesichter häufig asiatisch, mongolisch, Irkutsk liegt kaum 200 Kilometer von der Grenze entfernt.

Zwischen Theater und Kino habe ich eine saubere, kleine Bäckerei gefunden. Am preiswertesten ist immer ein Laib Schwarzbrot für 20 Kopeken. Es wird von den Einheimischen vor dem Kauf sorgfältigst mit dem Daumen bzw. (von in Hygiene unterrichteten Käufern) mit dem Rücken eines an einer Kordel hängenden Löffels getestet. *Chläb tschornyi*, das russische, etwas süßlich, malzig schmeckende Schwarzbrot, ist uns immer willkommen und problemlos zu erwerben.

Schwieriger wird es mit dem dazugehörigen Käse, denn wir können uns nicht an das sowjetische Einkaufssystem gewöhnen: die Schlange. 550 Stunden/Jahr soll nach einer Analyse der *Prawda* eine sowjetische Durchschnittsfamilie mit Schlangestehen verbringen; oder in einer anderen Relation: 69 Arbeitstage.

Beim Käse sind es sogar zwei Schlangen. Bei der ersten haben wir zu bezahlen, bei der zweiten den Käse in Empfang zu nehmen. Vorausgesetzt, er ist mittlerweile noch nicht ausverkauft. Nun beginnt eine wilde Schnippelei, denn die Käuferin hat ja 100 Gramm bezahlt, nicht mehr und nicht weniger. Der erste Schnitt der Verkäuferin bringt 120 g auf die Waage, beim zweiten sind es 85 g, beim dritten 105, und ein Teil des (ausgesprochen wohlschmeckenden) Milchprodukts ist schon sinnlos zerstückelt.

Mit der Dämmerung wird es wieder unerträglich kalt auf der Straße. In einem staatlichen Laden an der Karl-Marx-Straße kaufen wir noch 8 Orangen und 4 Äpfel für die Zugfahrt: Macht 8 Rubel, ein stolzer Preis.

Abendessen im Hotel – mehr aus der Not heraus, weil wir kein Restaurant ohne Schlange oder eine Caféteria mit Eßbarem für unsere letzten Rubelchen finden können.

„Moskau-Peking"

28. März. Schon eine halbe Stunde vor dem vereinbarten Zeitpunkt hat sich eine Gruppe von Einzelreisenden im Foyer des Hotels versammelt. *Zug Nr. 4*, den internationalen Expreß durch die Mongolische Volksrepublik nach Beijing/Peking, will niemand verpassen. Selbst Karl ist das Warten nicht lästig.

Vladimir, ein rothaariger Russe mit Marderpelz (der seine Langeweile über die allwöchentliche Routine, Touristen nach Osten zu verschieben, kaum verbergen kann) bringt uns im Kleinbus und zwei Taxen zum Bahnhof. Er beherrscht auch die hohe Kunst, eine bunt durcheinandergewürfelte Herde von Individualtouristen ohne viel Worte unter Kontrolle zu halten und mit einem Minimum an Kontakt mit den Volksmassen auf Bahnsteig 2 vor den Wagen 2 und 7 abzu-

Birkenwälder begleiten uns durch die Weiten der sibirischen Taiga liefern. Jeder Versuch, individuell die letzten 50 Meter vom Parkplatz bis zum Bahnsteig zu Fuß zurückzulegen, wird vereitelt.

Dann plötzlich der Anpfiff: „We must go!“ Wir folgen Vladimir hinunter in die Unterführung und hinauf zu *platforma 2* und lassen die letzte dieser unzähligen aluminiumgerahmten Glasschwingtüren der Sowjetunion hinter uns. Wie gewohnt bremsen sich die beiden Flügel durch allzuplötzliche, heftig knirschende Reibung, ohne jedoch zu splittern.

Unser Wagenschaffner ist deutlich kleiner als die bisherigen, er ist Chinese. Also kein *provodnik* mehr, ab jetzt ein *fuwuren*. Obwohl recht sanftmütig, reißt er die Schiebetür unseres zukünftigen Abteils mit einem so heftigen Ruck auf, daß die beiden Insassen, die sich als echte Bayern entpuppen, verschreckt aus den Betten fahren.

Mit zehn Minuten Verspätung (nach 5191 km!) rollt der *Moskau-Peking-Expreß* in Richtung Osten. Hinter Irkutsk folgt die Bahn bald dem Tal des Angara. Zwischen Fichten, Baikalzedern und Birken liegt ein Datscha-Land mit Wochenendhäusern der mittleren Preisklassen, Schrebergartenhäuschen. Nach einer Stunde biegt die Strecke direkt nach Süden ab, um schließlich am westlichen Zipfel des Baikalsees an dessen Ufer zu stoßen: *Dalai Nor*, das ‚heilige Meer‘, hatten es die Mongolen einst genannt.

In der Ferne flitzen kleine schwarze Punkte, Lkws, über das gleißend helle Eis, das sich an der Uferböschung zu über zwei Meter hohen Eiswänden hochgeschoben hat. Bis 1906 mußten die Schlafwagen der Transsib im Sommer mit Fähren von Baikal hinüber nach Babuschkin/Myssowaya transportiert werden. Im Winter wurden sie sogar mit Pferden auf provisorisch über das Eis verlegten Schienen zum Start der Transbaikal-Bahn gezogen.

Es gibt wohl kaum einen anderen Ort, wo Klima und Natur die hergebrachten Verkehrsfunktionen so verdreht haben wie hier. 1907 nutzte sogar das *Itala*-Rallye-Team des exzentrischen italienischen Prinzen Borghese die neuverlegten Bahngleise der Baikal-Umgehungsstrecke, um dadurch schließlich in genau zwei Monaten das Rennen *Peking-Paris* zu gewinnen.

„Runter von der Schiene - der Zug kommt! Er ist schon von Tankoy abgefahren“, hatte ihnen ein entgegenkommender Streckenposten von ferne entgegengebrüllt. Der Plan, für ihre Fahrt mit dem Itala über den vergleichbar ebenen Gleiskörper die Zeit zwischen dem Morgenzug von Missowaya nach Irkutsk und dem Mittagszug nach Verkhne-Udinsk (heute Ulan Ude) zu wählen, wäre fast ins Auge gegangen.

Unsere Abteilgenossen im Moskau-Peking-Expreß sind nicht die einzigen Westler in den 18 Kurswagen nach Peking. Im Speisewagen treffen wir eine schwedische, später eine Schweizer Reisegruppe. Unsere beiden Bayern fallen allerdings etwas aus dem üblichen Rahmen: Sie sind eine Art liebenswerte, konservative Punks, tragen natürlich Ohrringe und bunte, aber extrem dünne Kleidung, mit der sie sich kaum aus dem Schlafsack wagen. Vor drei Tagen hatten sie Moskau mit diesem Zug verlassen und sind noch voll des Leids.

Die beiden hatten in Moskau im Hotel ‚Intourist‘ gewohnt, waren aber aus unge-

unsere Nachbarin bei der Prawda-lektüre

nannten Gründen nur einmal im Speisesaal geduldet worden. Für längere Wanderungen im winterlichen Moskau reichte die Kleidung nicht, und so hatten sie in der Hauptstadt der Sowjetunion nicht viel gegessen.

Nach dem Kauf mehrerer Wodkaflaschen im *Berioska*-Laden waren ihnen auch schon am zweiten Tag auf der Transsib nicht nur die ‚Valuta' ausgegangen, sondern auch die Rubelchen. Sie besitzen nur noch eine Kreditkarte mit 4.500 DM Rücklage, von der sie hoffen, daß sie für zwei Personen drei Monate reicht.

Die beiden sehen so aus, als wollten sie eigentlich zu einem Bade-Wochenende an den Tegernsee, hätten sich unterwegs aber dann dazu entschlossen, lieber nach Peking zu fahren. Ihr Gepäck ist von genialer Kompaktheit: zwei Schlafsäcke, ein paar Baumwollhemden, ihre Kreditkarte und irgendwo ein kleines Zelt, das sie sicherlich nicht einmal zur Probe in Mutters Garten aufgebaut hatten. Sie träumen davon, in Peking Fahrräder zu kaufen und südwärts zu radeln.

Erwin und Thomas sind einfach hungrig, greifen dankbar nach unserem letzten Kanten sibirischem Schwarzbrot, und Zhang, der chinesische Physikprofessor aus dem Nachbarabteil, steuert ein paar Waffeln bei.

„Zugegeben, wir sind ein wenig überstürzt abgereist", kommentiert Thomas unser ungläubiges Erstaunen. An den Ufern des Baikalsees beginnen sie mit unseren China-Reiseführern die ‚Planung' ihres Trips. Nun ändern sie ihre Reiseroute, wollen zuerst nach Sichuan reisen, denn dort erscheint ihnen das Wetter im April am vielversprechendsten.

Sie haben eigentlich alles vergessen. Erwin hatte zwar zwei Filme eingepackt, Thomas aber hatte die Pocket auf dem Küchentisch seiner Eltern liegengelassen. Es ist zu toll, zu naiv, um wahr zu sein. Wir schenkten ihnen später zum Abschied einen unserer *Chinesisch für Globetrotter*, haben aber leider die Adresse der beiden nicht aufgeschrieben. Was ist wohl aus ihnen geworden?

Von ‚Sibiriens schönster Stadt' sehen wir leider nur die Hinterhöfe, Bahnbetriebswerke und wieder eindrucksvolle Lokomotivfriedhöfe. Seit 1896 ist Ulan Ude wichtiger Eisenbahnknotenpunkt Ostsibiriens. Hier am Kilometerstein 5647 von Moskau setzt der *Rossija* seine Fahrt nach Osten fort, um 63 Stunden später in Wladiwostok den Stillen Ozean zu erreichen.

Der *Moskau-Peking-Expreß* verläßt jedoch die transsibirische Magistrale, um nun der alten Post- und Teestraße durch die Wüste Gobi nach China zu folgen. Ab jetzt durchqueren wir keine Zeitzonen mehr, sondern wenden uns dem Wendekreis des Krebses zu. Nach 7 Stunden ist die Grenzstation Nauschki erreicht, von hier sind es noch einmal 10 Stunden bis Ulan Bator und mit dem internationalen Expreß noch 22 Stunden bis Beijing.

Grenzkontrolle. Dies scheint wieder eine wichtige Grenze zu sein: Im grellen Scheinwerferlicht hat ein Kordon von Soldaten den Zug umstellt. Auch das Stehen auf dem Gang ist verboten. Karl gibt sich locker, denn seine Filme sind aus ‚Sicherheitsgründen' auf mindestens sechs unserer europäischen Mitreisenden verteilt.

Kaum 20 Kilometer östlich von hier muß Kiakhta liegen, die alte Drehscheibe des Teehandels zwischen Rußland und China.

Die heutige Hauptstadt Ulan Bator (‚Roter Held', so heißt sie seit 1924) verdankt ihre Entstehung vermutlich dem Drang einiger Wandermönche eines buddhistischen Nomadenklosters nach Seßhaftigkeit. 1778 hatte sich *Da churen* (‚großes Kloster') als Handels- und Verwaltungszentrum der Steppenbewohner herausgebildet. Vier Jahrhunderte nachdem Dschinghis Khan von Karakorum aus ein Weltreich vom Gelben bis zum Schwarzen Meer errichtet hatte. Ja richtig, das ist sie also, die Heimat Dschingis Khans, dessen Reiterheere Konstantinopel und Moskau bedroht und China überrannt hatten.

Die Russen hatten der Siedlung den Namen *Urga* gegeben. Seit 1921, dem Sieg der Revolution unter Suhe Bator, hatte sich die Äußere Mongolei (aus Furcht vor chinesischer Vorherrschaft, der sie erst 1911 entronnen war) immer mehr an den mächtigen Nachbarn im Norden angelehnt bzw. anlehnen müssen.

Zwischen 1937-39 ließ Stalin eine erste Straßenpiste zwischen Ulan Ude und Ulan Bator bauen, nabelte die junge Volksrepublik an die Außenwelt, sprich Sowjetunion, an. 1949, nach der Gründung der VR China, begann die Sowjetunion sofort mit dem Bau der 1100 km langen transmongolischen Magistrale parallel zur schon bestehenden Autopiste. Das erste 450 km lange Teilstück von Nauschki bis Ulan Bator war 1950, die Magistrale durch die Wüste Gobi bis zum chinesischen Grenzbahnhof Erlian 1955 fertiggestellt.

Ulan Bator

9 Uhr morgens – Wohnblocks und Jurtensiedlungen, die Vororte Ulan Bators, tauchen auf. Wir sind die einzigen Westler, die sich zum Aussteigen in der Hauptstadt der Mongolischen Volksrepublik fertigmachen.

Ulan Bator ist 1987 immer noch eine der isoliertesten Hauptstädte der Welt. *Ulaan Baator* – ein schön klingender Name, so ein-

polnische Kietbasa im Büffetwagen

russische Soljanka in der Transsib

gedämpfte chinesische Yaotse

Nüdeln mit Chili ünd Zücker

ladend wie die freundliche, in frischem Grün und Weiß gestrichene Fassade des Bahnhofs, der uns willkommen heißt. Malerisch auch, wie die vor ihm wartenden Mongolen mit vielfarbigen Stoffgürteln und Schärpen über gelben oder türkisen, knöchellangen Mänteln aus Leinen oder Seide über grauen Filzstiefeln.

Die Begrüßungsmusik aus einem einsamen Wohnzimmerlautsprecher zwischen den weiß abgesetzten Kapitellen und Fensterbögen wird plötzlich verdrängt von einer Frauenstimme: „Sind Sie aus West Germany und wollen in Ulan Bator bleiben? Mein Name ist Serina. Ich bin von der *Zuulchin*. Bitte folgen Sie mir, ein Auto wartet auf Sie!“ Serina ist knapp über Zwanzig, trägt graue Levis-Jeans, eine modern geschnittene Stoffjacke und Kopftuch.

„Dürfen wir noch von unseren Freunden Abschied nehmen?“ Nach drei Wochen Sowjetunion haben wir uns schon angewöhnt, für solch banale Tätigkeiten um Erlaubnis zu fragen. Die zweite Frage: „Dürfen wir den Bahnhof fotografieren?“ bestätigt schnell die Warnungen der Reiseführer: In der Mongolei ist das Fotografieren noch schwieriger als im Sowjetreich. „Haben Sie eine Erlaubnis beantragt?“ (Das hatten wir nach unserer schwierigen Telex-Hotelbuchung bleibenlassen.)

Dies ist zwar nicht das Ende, aber immerhin psychologisch der entfernteste Punkt unserer Reise. Die bayrischen Punks wagen sich wegen der Minustemperaturen nicht auf den Bahnsteig, sie winken vom Korridor aus. Ansonsten sind alle zum Abschied auf dem Bahnsteig erschienen. Auch Herr Zhang unterbricht mit seinen Landsleuten sein morgendliches Bahnsteig-Tai-Chi, um uns abzulichten.

Hinein in den schwarzen ‚Wolga‘ der Intourist-Schwester *Zuulchin*, und in fünf Minuten zum Hotel. Die Stufen hinauf zu den uns vertrauten krachenden Aluminiumglastüren.

Das Hotel *Ulan Bator* ist ein fünfgeschossiger, gedrungener Hotelblock mit einem lieblich kursiven Neonschriftzug *Hotel* in westlichem Alphabet. Auf endlos langen Korridoren gibt es beunruhigend wenig Türen. Die zweite ist schon unsere, sie führt in eine riesige Suite – das muß ein Irrtum sein. Zwei Zimmer, jedes größer als unsere Wohn- und Arbeitsfläche in Hannover, mit Blümchentapete und ausgelegt mit einem milchteefarbenen Mischgewebeteppich, der uns elektrische Schocks versetzt, wann immer wir uns berühren.

Die beiden Einzelbetten sind durch eine messingfarbene Nachttischlampe (mit kleinen roten Glastropfen am Lampenschirm) getrennt. Jeder Raum verfügt über einen Schreibtisch, das Wohnzimmer sogar über zwei dunkelgrüne Sofas, einen Fernseher, einen 120-Liter-Kühlschrank und eine gewaltige – allerdings völlig leere – Bücherregalwand. Auf dem Couchtisch thront eine Glaskaraffe mit dem sich aufbäumenden Pferd Suhe Bators auf einem silbrigen Tablett. Nur das Bad ist kleiner als erwartet.

Kein Irrtum beiderseits, das ist unser Zimmer. Es gibt ohnehin nur zwei Hotels in der Hauptstadt der Äußeren Mongolei: *Ulan Bator A* für Diplomaten, Geschäftsleute und Einzelreisende, also uns. Im billigeren *Ulan Bator B* sind nur Reisegruppen zugelassen. Keine Diskussion.

„Was, Sie haben noch keine Hotelgutscheine? Kreditkarten werden nicht anerkannt – Sie müssen bitte in bar oder in Traveller Cheques zahlen!“ Stolze 130 US-Dollars pro Nacht! Zwei Nächte müssen wir bleiben – das geht an die Substanz unserer Reiseschecks. Im Preis inbegriffen sind allerdings Vollpension und Serina. Sie teilt schon das Frühstück mit uns und verläßt uns erst nach dem Abendessen.

Zugegeben, das Hotel braucht dringend ein paar Gäste; es ist fast leer, und der Speisesaal gehört uns allein. Wir bestellen als erstes Omelett. Aber eigentlich nur, weil der wirklich elegante Kellner mit dem geölten Elvis-Presley-Haar uns zwei Gerichte verneint und dann „Omelett?“ gefragt hatte.

Nun beginnt Serinas zweiter Angriff auf unseren Cash-Vorrat. „Die Entfernung zwischen den Sehenswürdigkeiten beträgt oft zehn Kilometer.“ Wir glauben ihr, denn schon das Hotel, obwohl im Zentrum gelegen, scheint zwischen steppenähnlich weiten Plätzen und breiten Regierungsgebäuden recht isoliert. „Allerdings: entweder ein Taxi für den ganzen Tag – oder keins. 52 US-Cents der Kilometer, 8 US-$ die Wartestunde.“ Wir warten eine halbe Stunde auf den ‚wartenden‘ Wolga.

Hinaus über die Alleen, vorbei an klassizistisch verspielten Regierungsgebäuden mit dorischen Säulen und intensiven Farben von Blau bis Rosa und Rot. Vorbei auch an einem 1890 gebauten Lama-Tempel (heute ein Museum), vorbei am ‚Genossen‘ Stalin vor der Staatsbibliothek und einer Kopie des Moskauer Lenin-Mausoleums in poliertem, schwarzem und grauem Granit für die Staatsgründer Suhe Bator und K. Tschoibalsan. In der Platzmitte bezwingt einsam Suhe Bator sein sich aufbäumendes Pferd.

Der vorgeführte ‚Überfluß‘ an städtischem Raum ist augenfällig und verwundert nicht in diesem Land nomadisierender Hirten. Hinter der staatlichen Fassade bleibt jedoch kein Platz mehr für die an die Weite gewöhnten Bewohner der Steppe. Die Wohnblocks stehen dicht an dicht, und die Jurtensiedlungen, die sich an den gegenüber-

der Blick durchs Fenster wie ein Film: Bahnhöfe, Menschen, Landschaft liegenden Hängen hochziehen, sind, obwohl sie schon in die Steppe hineinragen, von hohen Bretterzäunen umgeben und von Wachtürmen überragt. Die für die Weitläufigkeit der Steppe geschaffenen Jurten (flexible Kunstwerke aus scherenartigen Holzgittern, Tierhäuten, Fellen und Segeltuch) sind hier auf etwa 10 x 10 Meter großen Parzellen zusammengepfercht. Vor allem alte Menschen ziehen diese engen Jurtensiedlungen dem Wohnen in ‚modernen' Wohnblocks vor. 40 % der Bewohner der Hauptstadt dieser Hirtennation leben in einer Enge, als seien die Grundstücke so knapp wie in Hongkong. Für Ausländer verboten!

Wir müssen uns mit der Aussicht vom Ehrendenkmal der sowjetischen Soldaten gegen den Hitlerfaschismus begnügen. Zwei entsetzlich viel schwarzen Qualm ausstoßende Kraftwerke und neue, graue Zementblocks fallen besonders ins Auge. Viele Wohnblocks sind seit den 70er Jahren bis 1982 gebaut und, so erläutert uns Serina, ein Geschenk Breschnews. Ehrlich gesagt, schön ist diese Hauptstadt nicht.

Aber legen wir vielleicht nicht den falschen Maßstab an? Zur Zarenzeit existierten in ‚Urga' (Prachtzelt) gerade zwei Steinhäuser, der Tempel des Lamas und das russische Konsulat. 30.000 Einwohner zählte damals die 'heilige Stadt' der Mongolen, von denen ein Drittel Lamas gewesen sein sollen.

Schon der deutsche Forschungsreisende Johannes Wilda, der 1901 auf seinem beschwerlichen Weg ‚Von Hongkong nach Moskau' (dies ist auch der Titel seines Buches) Urga mit Pferd und Tarantas erreichte, hatte die Hauptstadt nicht sehr schmeichelhaft beschrieben: „Dann kam ein elendes Dorf, Holz- und Lehmhäuser mit Jurten vermischt, meist aber unendliche, etwa drei Meter hohe Zäune aus entrindeten Kiefernlatten, welche die sandigen Straßen zu beiden Seiten säumten, ein schmutziges Mongolenvolk, zum größten Teil gelbgewandige Lamas, ritten, hockten oder trieben sich sonst umher; Haufen räudiger Hunde schnüffelten im Abfall . . .".

Eigentlich bestand diese Stadt damals – als Paris die Blütezeit der Belle Epoque schon überschritten hatte – aus drei streng voneinander getrennten Stadtteilen, die meilenweit auseinanderlagen: einem chinesischen, mongolischen und russischen Teil.

Nun sieht dieses Ulan Bator doch nicht mehr so ärmlich aus, selbst diese fürchterlichen Geschenke Breschnews oder das dem Bolschoi-Theater nachempfundene Opernhaus, die Bibliothek, all dies bedeutet hier in der Steppe tatsächlich Fortschritt. Nur gemessen an westlichen Metropolen und vor allem den inflationären Lobliedern der staatseigenen Propagandamaschine, erscheint uns Ulan Bator ärmlich und triste.

Serina lockt uns mit einem Taxi-Ausflug in die Steppe. Zu einer Jurtensiedlung im *Terelj-Tal*. ‚Terelj' bedeutet Rhododendron. Vielleicht würden wir auch eine typische Nomadenfamilie kennenlernen – wir beißen an.

Für eine Stadt mit einer halben Million Einwohner verläßt man Ulan Bator unerwartet plötzlich, die Stadt sitzt regelrecht am Rand der Steppe, als wolle sie jeden Augenblick wieder in die Weite des Graslands zurückfallen. Weniger als fünf Wolga-Minuten von unserem Hotel entfernt, hinter dem

auf jeder Mahlzeit thront ein Spiegelei

Mongolin vor Steppenölgemälde, Touristenrestaurant, Terelje-Tal

‚Freundschaftsviertel' (in dem vor allem Russen wohnen), folgen wir schon den Lastwagen hinaus in die Steppe. In einiger Entfernung eine Bergarbeitersiedlung, dann eine Gurkenfarm. Militärisches Sperrgebiet – Fotografieren verboten.

Am Fuß des Khentai-Gebirges, von dem zarte Schneeflocken zu uns herüberwirbeln, begegnen wir dem ersten ‚wirklichen' Mongolen. Es ist ein sehr junger Hirte, der eine Herde verwegen aussehender Schafe vor dieser dramatischen Bergkulisse entlangtreibt. Der Junge auf seinem struppigen Pferd trägt rauhe, aus Fellen genähte Kleidung. Sein Gesicht hat die Farbe von Mahagoni mit feinen Frostrissen, so wie bei einem Ölgemälde. Sein Vater (oder ist es der Großvater?) kommt selbstbewußt auf uns Fremde (die wir dem Wolga entstiegen sind) zugeritten. Die übliche Frage in Zeichensprache: Foto? Kein Problem! Aber nur mit Pferd bitte!

Zwei Millionen Pferde besitzt dieses Volk der Viehzüchter. Die Mongolen hatten mich schon im Geschichtsunterricht beeindruckt; vor allem die Sitte, das Vesperfleisch unter ihren Sätteln zart zu reiten. Und nun zieht dieser Nachfahre Dschingis Khans den Kopf seines Rappen zärtlich in Richtung Kamera, um mit schnellem Griff das blendende Gebiß dieses ‚Hafermotors' zu demonstrieren. Wir haben natürlich keine Ahnung von den Qualitätsmerkmalen eines Pferdegebisses. Aber das macht ohnehin nichts, denn Serina ist schon herbeigeeilt, um den Mann nach dem schon erteilten Einverständnis einer fotografischen Ablichtung zu ‚fragen'. Sie fragt. Und wie von einer Zauberformel getroffen, tritt der Hirte einen vollen Schritt zurück, verliert sein Lachen. Seine wenigen Zähne scheinen auch kaum noch die hausgemachte Zigarette halten zu können. Serina mit einem halben Lächeln: „Ich sagte euch ja, die Leute sind schüchtern und lassen sich nicht gerne fotografieren." – Tief durchatmen und lächeln.

Haupteinkaufsstraße von Ulan Bator

Die Nomadenfamilie im Terelje-Tal ist leider in Urlaub. Und das versprochene Dorf ist das genaue Gegenteil von dem, was wir uns unter einem Nomadenzeltdorf vorgestellt hatten und vorstellen werden. Es ist eine Art Ausstellungs-Feriendorf für wohlhabende Mongolen und Ausländer, die hier in kleinen, quadratischen Holzbaracken, einem zweigeschossigen Zement-Hotel und einigen nagelneuen bunten Vorzeige-Jurten mit Vorhängeschloß für ein Wochenende das Leben in der Steppe schnuppern dürfen.

19.30 Uhr – Abendessen im Hotel. Der weltberühmte ‚mongolische Feuertopf' fehlt zwar auf der Speisekarte des teuersten Hotels der Heimat Dschingis Khans, war uns jedoch als Sonderleistung versprochen worden. „Mongolski?", fragen wir schüchtern. Nach genau zwei Minuten wird serviert, statt Fleischfondue aufgewärmtes, fettes Gulasch – unser wegen des Steppenausflugs ausgefallenes Mittagessen. Tief durchatmen, lächeln.

Wir ziehen uns in unsere Suite zurück, fliehen in die Traumwelt eines Fernsehers. Die *message* der Nachrichten, gesprochen in Russisch, ist klar: Streiks in Spanien, in Frankreich geht die Polizei gegen demonstrierende Studenten vor, Konfrontation in Italien, politische Verfolgung in Chile – und ein Friedenskongreß in Moskau und Rekordernte irgendwo im Mutterland des Sozialismus, vielleicht in der Ukraine.

ein Nachfahre Dschingis Khans mit seinem Hafermotor, Terelje-Tal

Am nächsten Morgen überraschen wir Serina mit dem Wunsch, heute auf den schwarzen Wolga zu verzichten. Warum nicht bei strahlendem Sonnenschein die Hauptstadt zu Fuß erobern? Unser Ausflug endet allerdings schon nach 20 Minuten in einem politisch-touristischen Desaster, das ganz harmlos mit einem stolzen Vater begonnen hatte.

Der Mongole trug einen bunten seidenbesetzten Wollmantel und rote Stiefel. Karl zeigte auf das in eine Wolldecke gewickelte Würmchen, dann auf seine Kamera. Die Augen des Vaters leuchteten auf, und er begann sogleich, die Wolldecke zurechtzuziehen, damit wir wenigstens die blinzelnden Augen und die Nase seines Schmuseschnukkels erkennen konnten – da nahte schon Serina. Ihre Worte blieben uns unverständlich, aber ihre Augen verrieten sie. Der arme Mann trat mit der gleichen hastigen Bewegung zurück, wie tags zuvor der Sohn der Steppe.

Der ‚imperialistische Korrespondent' vermeidet nun die Nähe zum Objekt. Aber schon die nächste Weitwinkelaufnahme mit Personen vor dem größten (und ich glaube einzigen) Kaufhaus der Stadt löst einen Erdrutsch der Angst aus. Serina steht der Schweiß auf der Stirn, sie weint. Angst! Dann schreit sie: „Ich werde Sie jetzt alleine lassen, Sie können alles fotografieren, was Sie wollen, alles, alles. Aber ohne mich!" Etwas Drohendes liegt in ihrer Stimme.

Jetzt wird es gefährlich. Unbeaufsichtigt wollen wir wirklich nicht durch Ulan Bator laufen, nun sehnen wir uns nach der Führung und dem Schutz der „Arbeiter, Araten (Viehzüchter) und werktätigen Intelligenz". Es riecht eher nach *1984* als nach *Glasnost*,

ein Sohn der Steppe

obwohl am Suhe-Bator-Platz Michail Gorbatschow und sein mongolischer Kollege Zhamby Batmunkh so friedlich nebeneinander hängen.

Ich koche vor Wut (vielleicht auch vor Angst). Karl, der Diplomat, schließt (aus Sorge um all die zwischen Warschau und Ulan Bator belichteten Filme) wieder Frieden. Also zurück zum offiziellen Programm. Zuerst gehen wir rüber zum Duty Free Shop, wo sich Serina mit einer Zigarette von ihrem Schock erholt. Sie will (noch so jung) ihren Job bei Zuulchin nicht verlieren. Die Leute auf der Straße könnten sich beschweren. Jeder wüßte, wo wir wohnen.

Warum besuchen wir nicht das Revolutionsmuseum? Leider geschlossen. Auch die Angestellten des Religionsmuseums haben Ferien. Nach langem Suchen finden wir etwas Vorzeigbares, wandern um das Lenin-Denkmal, besichtigen die Bibliothek von außen und zum Abschluß eine Bildergalerie mit moralischem Kitsch des sozialistischen Realismus.

Unser zweites und letztes Frühstück in Ulan Bator. Serina winkt von weitem mit der Rechnung, wir sitzen schon über den Frühstücksspiegeleiern (auf *jeder* Mahlzeit in Ulan Bator thronte obenauf ein Spiegelei!). 380 US-Dollars hat ihr Zuulchin-Büro für unsere Zweieinhalb-Tage-Visite ihrer Hauptstadt mit Steppenausflug errechnet. Nachdem wir ihr fast alle unsere Schecks und Bares übergeben haben, offenbart sie: „Heute ist der letzte des Monats – wir haben noch kein Wechselgeld in der Hotelkasse. Sie müssen zum Bezahlen zur Zentralbank fahren – unser Fahrer fährt Sie kostenlos dorthin."

Morgen ist der 1. April 1987 – aber kein Aprilscherz. Wir hatten schon soviel Zeit mit Zuulchin vergeudet, nun wollen wir unseren letzten Vormittag nicht auch noch für einen Besuch in einer Bank opfern. „Warum kaufen Sie nicht ein paar Zigaretten oder Wodka oder eine Pelzmütze – dann bekommen Sie Wechselgeld." Tief durchatmen – lächeln! Schließlich kaufen wir der Kettenraucherin Serina auch noch ein paar Zigaretten, nur um noch das Gandran-Kloster zu sehen.

Der Besuch im Gandran-Kloster mit seiner beschützten Museumswelt für 80 Lamas ist kurz. Die Fahrt gilt als bezahlter Transfer zum Bahnhof, das Gepäck liegt schon im Kofferraum. Fotografieren erlaubt, aber: „Wir müssen zum Bahnhof!"

Bummelzug 276

Expreß 276 nach Peking ist ein Bummelzug. Statt 15 Stunden (Zug Nr. 4) benötigt er 22 Stunden durch die Wüste Gobi bis Dzhamin Ude. Das scheint bei nur zwei angezeigten Haltebahnhöfen zunächst einmal unverständlich.

herzlicher Abschied durch die ganze Familie

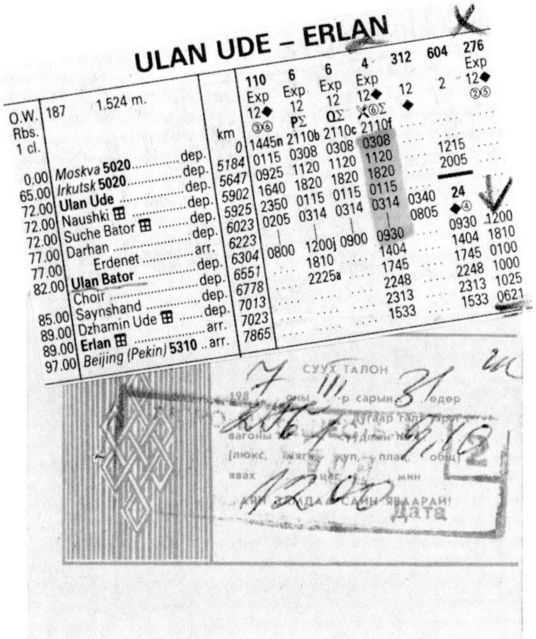

Trotz unserer 2.-Klasse-Fahrkarten wird uns ein Abteil der 1. Klasse zugewiesen. Unsere Nachbarn zur Rechten sind vier Chinesen einer Wirtschaftsdelegation, denen wir schon beim Hotelfrühstück begegnet sind. Zur Linken ein mongolisches Diplomatenehepaar, das ein ganzes Abteil mit seinem Diplomatenhaushalt gefüllt hat; das zweite bewohnen sie selbst.

Nach 20 Minuten ist es schon gemütlich im Abteil. Die Rucksäcke sind unter den Betten verstaut, die Reiselektüre liegt griffbereit, unsere Asienkarte hängt an der Wand, heißes Wasser aus dem Samowar für den Tee.

Um 13 Uhr treibt uns Hungergefühl und eine Vorahnung zu Wagen 9, zum Zugrestaurant. Den Korridor entlang durch die beiden Schwingtüren, aber die schwere Stahltür am Ende des Schlafwagens ist nicht zu bewegen – sie ist verschlossen. Zu! Für die restlichen 22 Stunden sind wir im Schlafwagen des Bummelzugs gleich hinter der *TE 3*-Diesellok eingeschlossen!

Zugegeben: Serina hatte uns gewarnt: „Der Speisewagen ist ‚weit weg', neun Wagen von Ihrem Schlafwagen entfernt!" Karl: „Kein Problem, das sind wir gewohnt!" – „Der Speisewagen ist weit weg! Nehmen sie ein Lunchpaket mit, das ist bequemer!" Wir aber wollen im Zugrestaurant speisen und steigen ohne Butterbrote zu.

Die Chinesen sind schlauer gewesen. Sie hatten sich in Ulan Bator mit Reiseproviant eingedeckt, nun schließen sie ihre Tür und machen vermutlich *Chicken Chow Men* mit heißem Wasser aus dem Samowar. Uns rettet der Rest der ‚eisernen Ration', den wir vergessen hatten aufzuessen: eine Packung westfälisches Schwarzbrot, die letzten Zentimeter unserer italienischen Salami aus Hannover-Linden und ein paar Brühwürfel.

In engen Schleifen schlängelt der Zug sich in die Hochebene. Die Ausläufer der sibirischen Taiga, vor allem die Birkenwälder, haben wir längst hinter uns gelassen. Auch die Grassteppe der Hochplateaus ist mittlerweile in steiniges Nichts, Geröll und Schotter übergegangen. Über vier Fünftel des Landes liegen über 1000 Meter Höhe, in der Gobi herrscht gar ein mörderisch extremes Kontinentalklima, im Winter bis −35 °C, im Sommer bis 45 Grad plus. Von Sanddünen allerdings keine Spur.

Endlos tiefer, blauer Himmel über brauner, verdorrter Steppe, in der nur noch die zartgrünen oder rosaroten Bahnhöfe als Farbkleckse auffallen. Unser ‚Expreß' hält alle 20 bis 30 Kilometer an unscheinbaren Bahnstationen in scheinbar menschenleerer Wüste und offenbart nicht nur den Grund des Bummelns, sondern auch den unserer Isolation im Erster-Klasse-Diplomatenwagen. Der Rest des Zuges ist ein Truppentransporter voll sowjetischer Soldaten. In kleinen Gruppen, manchmal zu Hunderten, entsteigen sie an den kleinen, ausgesprochen hübschen Bahnstationen.

Die Mongolische Volksrepublik ist vor allem eine militärische Pufferzone zwischen zwei Machtblöcken. Neben harmlosen Kamelherden im vegetationslosen Nichts der Wüste Gobi fallen uns getarnte Erdhügel in Sichtweite von der zweigleisigen Bahnstrecke auf, vor denen in der Wintersonne geheimnisvoller Metallglanz schimmert. Sind es Raketensilos, Bunker für Panzer, Hangars für Abfangjäger? Oder geht unsere Phantasie mit uns durch?

Schwarze Telegrafendrähte begleiten uns, nur einer ist blanker Kupferdraht. Das ist die internationale Telefonverbindung zwischen der Mongolei und China. Ein Geheimnis, das uns unsere chinesischen Nachbarn nur zu gern erklären. Sie soll demnächst durch eine Satellitenverbindung ersetzt werden. Das war Grund ihrer Bahnreise und Gesprächsthema der letzten drei Tage in Ulan Bator. „Wie viele Telefonate gibt es eigentlich zwischen zwei verfeindeten Brüdern mit der gleichen Hautfarbe?" fragt Karl mehr neugierig als naiv. „Etwa 15 (fünfzehn) im Monat", antwortet Lu und zeigt grinsend hinüber zu dem in der letzten Abendsonne rhythmisch aufblitzenden Kupferleiter.

Der neue Tag beginnt mit dem gleichen tiefroten Morgenhimmel wie seit Wochen – und einem unüberhörbaren Klopfen an der Tür. Hinter der Schiebetür steht ein baumlanger Mongole in Uniform, assistiert von zwei erheblich kürzeren Kollegen: „Passports please!"

Die Grenze. Vier Stunden vor der vermuteten Zeit. Karl wird ein wenig bleich – die Stunde der Wahrheit. Während der Fahrt hatte ihn eine eigenartige Paranoia ergriffen.

Die panische Angst, man könnte ihn (wie schon des öfteren bei anderen ‚Korrespondenten‘ praktiziert) bei der Ausreise, so kurz vor sicherem Land, um seine Filme erleichtern. Der Verlust von drei Wochen Ostblock-Dias hätte dieses Buch-Projekt zum Platzen gebracht.

Während der Nacht hatten wir also alle belichteten Filme mit kleinen Fetzen Toilettenpapier rüttel- und geräuschhemmend und so tief in unsere Schlafsäcke verpackt, daß man sie von außen kaum erfühlen konnte. Die unbelichteten Filme waren alle bis auf einen letzten Millimeter zurückgespult und als belichtetes Material getarnt.

Nun dauert die Paßkontrolle kaum fünf Minuten – nur ein paar lange starre Blicke zwischen Paßbild und Konterfei. Aufmerksamkeit und Argwohn erregt unverständlicherweise nur das regierungseigene Magazin *Mongolia* in englischer Sprache mit einer erschreckenden Jagdgeschichte (für bezahlende Ausländer) auf den seltenen Schneeleoparden. – Das war's – keine Durchsuchung, nicht einmal eine Andeutung davon.

Die mongolische Grenzstation Dzhamin Ude ist ein frisch renovierter, wunderbar verspielter Provinzbahnhof aus den 50er Jahren. Überragt wird er von einem quadratischen Turm mit Spitzpyramidendach, der mich an eine abgeschnittene Version des Dogenturms in Venedig erinnert. Hinter der ‚postmodernen‘ Bahnhofsfassade eine Reihe eingeschossiger Wohnhäuser mit Wellblech-Walmdach. Nur ein Reklameschild überragt die Siedlung – das wird wohl der Kaufladen sein.

11 Uhr vormittags. Unser Schlafwagen steht schon seit 4 Stunden auf einem Abstellgleis. Draußen ist es warm. Richtiger Frühling. Jetzt beginnt der Hunger zu nagen, und Karl reicht beim ‚fuwuren‘ eine mündliche Beschwerde bezüglich ‚Essen in einem internationalen Zug‘ ein. Herr Wang lacht verständnisvoll aufs herzlichste.

Zwanzig Minuten später wird auf dem Nachbargleis ein uns vertrauter *pectopah*-Wagen abgestellt. Doch bevor wir uns darüber wundern können, klopft es, und eine Frauenstimme gibt in perfektem Englisch bekannt: „Breakfast is ready!“ Die russischen Soldaten sind schon längst auf einsamen Streckenposten in der Gobi ausgestiegen – der Wagen gehört uns ganz alleine. „Breakfast? – Mongolian money? *Tugrig*? Wirklich?“

Die Chinesen bleiben zurück. So kurz vor dem Ziel würden sie nicht in einen mongolischen Speisewagen steigen. Nur wenige hundert Meter entfernt, auf der anderen Seite der Grenze, steht ‚ihrer‘ – sie träumen schon von Nudelsuppe, gekochtem Ingwer-Huhn auf dampfendem Reis.

Ohne Hilfe einer Bahnsteigkante springen wir hinunter auf den Schotter der Gleise und klettern in das grüne Zugrestaurant, bereit für eine Freßorgie für 9 Tugrigs. Blaßblaue Tischdecken mit vielfarbigen, aus bunten Schwämmen geformten Plastikblumen. Statt Metallteller gibt's weißes Prozellangeschirr

die russische lokomotive und ihre chinesische Schwester unterscheiden sich durch die Augen

in langen Schleifen schlängelt sich der Zug in die mongolische Hochebene wie zu Hause. Auch die Zuckerwürfel sind mit einem uns neuen Zugtyp verpackt. Eine Speisekarte ist nicht in Sicht, wir warten einfach, genießen den Blick über die Abstellgleise hinüber in wasserloses Land, *Outback*, nur die Wachtürme stören mich.

Den obligatorischen Spiegeleiern folgen ein mächtiges Stück Käse, Brot und schließlich ein kurzer, schwarzer Kaffee. Um uns herum spielt das Küchenteam Karten, die sie erst beiseite legen, als ihr Mittagessen erscheint: Reis mit Kohlgemüse und gefüllten Teigtaschen. Es ist unser erster Blick auf das, was man vielleicht als heimische Küche verstehen könnte. Bis auf die letzten hundert Meter sind wir als Fremdkörper, als Ausländer behandelt und isoliert worden.

Um 12 Uhr rollen wir im einzigen Kurswagen des Zuges langsam über die Grenze. Wir möchten in einen Freudentanz ausbrechen, die Zeit der Ungewißheit ist vorüber, die Filme sind gerettet, denn einer ernsthaften Durchsuchung hätte unser unschuldiges James-Bond-Spielen ohnehin nicht standgehalten.

Noch rollen wir auf der 1524-mm-Spur der Sowjetunion. Die transmongolische Magistrale war urprünglich bis Jining (333 km südlich der Grenze) mit russischer Spurbreite verlegt worden. Aber Mao hatte, als ihm die freundschaftliche Umarmung und Hilfe des Bruders aus dem Norden zu fest und unheimlich wurde, schnell die Strecke auf chinesischem Territorium auf die übliche europäische Normalspur (ein Relikt bzw. Mitbringsel der Kolonialherren) umgespurt. Heute werden die Drehgestelle der Kurswagen nach Peking also nicht in Jining, sondern schon im Grenzbahnhof Erlian ausgewechselt.

Auf den 1435 Millimetern wartet auch der chinesische Speisewagen. Das war wohl immer so, denn Karl Baedeker warnte 1912 (als die allwöchentliche Reise von Moskau nach Peking zum 1.-Klasse-Preis von 341 Rubel noch 10 Tage dauerte) eindringlich: „Mundvorrat bis Schau-hai-kwan mitnehmen, von da ab (Mandschurei) bis Peking Speisewagen."

Der mongolische Schaffner hatte uns ein Foto erlaubt – aber erst jenseits der Grenze in China wagt er den Schritt vor die so diffamierte Kamera. Hier werden auch die neun geheimnisvollen Dreikant-Arretierungen der Fenster entriegelt. Die Frau des Botschafters wechselt die ersten Worte mit uns und verfällt sogar in Small talk mit den Chinesen.

In China ist es 12.20 Uhr, und die Abfahrt nach Fahrplan ist um 14.05 Uhr. Ein Kamerateam hat auf dem Bahnsteig Stellung bezogen, um die Ankunft des Botschafters des ‚feindlichen Bruders aus dem Norden' zu dokumentieren. Die Botschaftersgattin trägt nun ein tadellos geschneidertes Wollkleid, das auch in Paris Blicke auf sich ziehen würde. Der Botschafter ist aus seinem blauen Trainingsanzug in einen braunen Anzug geschlüpft, die Kinder tragen Rosa und leuchtendes Rot.

Bevor wir überhaupt ans Aussteigen denken können, hat schon eine Gruppe von Kontrolleurinnen die Tür blockiert und fordert unsere Pässe. Drei ‚Azubis' lehnen sich über ihre Schultern, um nur ja keinen Kontrollschritt zu verpassen. Es folgen die Kollegen von der Hygiene und Quarantäne.

in Erlian werden die Drehgestelle gewechselt

per Dampfkraft durch die Ausläufer der Wüste Gobi, VR China

„Pliese gib me oll you flute, flute fly can destloy towends of clops in Tschiina!“

Und schon greifen sie beherzt nach unseren teuer bezahlten Orangen aus Irkutsk. Karl schlägt vor, daß wir sie sofort essen. „No, that is not allowed, solly, I must hav you flutefly.“

Kaum sind die Orangen im Haushaltskorb irgendeines Chinesen verschwunden, werden wir auch schon in eine gemauerte Werkhalle geschoben. Spurwechsel, der dritte seit Lissabon. Kein Staatsgeheimnis, jeder darf zusehen oder fotografieren. Mit einem gigantischen Wagenheber wird unser Hotel über einen Meter hochgehoben, die alten Drehgestelle werden auf dem Vierergleis weggerollt und von einer jungen, bezopften Kranführerin oben im Laufkran zur Seite gehoben. Neue Drehgestelle werden herangerollt und justiert. Das ganze Unternehmen dauert knapp 15 Minuten.

Um 12.30 Uhr, als wir vom Spurwechsel zum Bahnsteig zurückgeschoben werden, ist der Bahnhof fast menschenleer. Selbst die Lautsprecher, die zu unserer Begrüßung die Halle mit den langgezogenen Tonfolgen chinesischer Pipamusik erfüllt hatten, sind verstummt. – Mongolische Siesta.

Die schweren Holzschwingtüren, die zum Bahnhofsvorplatz führen, sind kaum zu bewegen. Dahinter erwartet uns ein erster Blick auf diese Nation der Radfahrer: eine lange, von dürren Bäumchen und unübersehbar vielen geparkten Drahteseln gesäumte Straße, in die auch die Delegierten auf der Suche nach ersten Nudeln und Sojagemüse verschwinden.

Wir sind, obwohl wir uns schon 4 Stunden auf mongolischer Seite und nun schon 2 Stunden in China an dieser verdammten Grenze aufhalten, noch immer bargeldlos. Die Bank ist geschlossen. Mit dem *Expreß*

Nr. 89 werden selten *weiguoren*, Fremde, erwartet.

12 Minuten vor Abfahrt des Zuges finde ich endlich den zuständigen Schalterbeamten für Devisentausch. Er öffnet die Tür des Schalters und findet sogar seinen Zahlmeisterkollegen. Wie schon in Irkutsk und Ulan Bator sitzen auch in China immer zwei Genossen an der Kasse. Der eine rechnet uns den Devisenwechsel aus und schreibt die Quittung, während sein Kumpel das Geld auszahlt: Für 50 US-$ gibt’s 187,23 Foreign Exchange Certificates, kurz FEC genannt, Touristengeld. Für Langnasen gibt’s kein ‚echtes‘ Geld.

Wir sind immer noch in den Ausläufern der Gobi, in der Steppe. Die extrem trockene, braune Erde ist aufgebrochen, manchmal überragt von dünnem, blondem Gras, gelegentlich auch noch ein paar überfrorene Pfützen und Schneesäcke im Schatten eines Schuppens. In einiger Entfernung wieder Kamele, aber das plötzliche Auftauchen eines Radfahrers, der sich auf einem unsichtbaren Pfad durch die Steppe kämpft, verblüfft uns mehr.

Ungefähr alle 20 Kilometer passieren wir auch hier kleine Bahnhöfe. Ihr Aussehen ist so regelmäßig wie ihr Abstand voneinander, sie sind längst nicht mehr so schön wie in der Mongolischen Volksrepublik. Graue Zementkisten mit traurigem pagodenähnlichem Dach und roten Dachvorsprüngen. Auch die Dörfer haben keinerlei Ähnlichkeit mehr mit denen vor der Grenze. Sie werden geformt von kompakten, beengten Reihenhäusern von der Farbe der Erde, auf der sie stehen.

„Ihre chinesische Aussprache ist schlecht“, unterbricht Zhang Karls erste Mandarin-Gehversuche nach vier Jahren. Er ist für einen Chinesen sehr direkt, aber Karl kennt sowieso kaum mehr als 50 Wörter. „Chinesisch ist einfach zu lernen“, hatte er behauptet. „Von den Zeichen mal abgesehen!“

Er meint damit nur die Grammatik, denn es gibt keine Fälle und Beugungen, und die Verben und Substantive werden einfach aneinandergereiht, aber... Aber es gibt leider die Tonlagen, im Mandarin vier, im Kantonesisch sieben. Das *mai* aus dem Sprachbuch kann ‚verkaufen', aber auch ‚kaufen' heißen. Je nachdem, ob ich meine Stimme senke oder hebe. *Mao* formt nicht nur den Namen des Großen Vorsitzenden, es kann je nach Tonlage Katze, Speer, Schädling oder auch Haar bedeuten.

Der chinesische Schaffner besitzt ebenfalls ein Satzbuch wie wir. Keines aus dem Bücherladen, vielmehr ein wunderbar handgeschriebenes Werk durch den internationalen Sprachendschungel. Im Ernstfall ist es allerdings so schwierig zu benutzen wie seine gedruckten Brüder aus dem Westen. Karls Frage: „Darf ich dieses Fenster im Gang öffnen?" Die Antwort paßt so gut wie der Blechdeckel auf unsere Emailletasse, der eben ein wenig klemmt: „Der Wagen wird sonst schmutzig – bitte schließen Sie das Fenster!" Ich lerne lachend meine ersten Brocken Mandarin, es fällt mir leichter als Russisch.

Daß Chinesen ihre Probleme mit dem *r* haben, lernt jedes Kind in der Schule. Das war immer schon lustig, wenn auch zuweilen mit rassistischem Unterton. Oft ist es allerdings einfach nur die Reflexion der eigenen Sprachlosigkeit. Schon E. E. Kisch wunderte sich nicht mehr darüber, daß er in China als der ‚lasende Lepoltel' bekannt war.

Mit dem Fenster hat unser *fuwuren* nicht unrecht, seit Erlian bis Datong stehen wir unter Dampf. Theoretisch ziehen uns die 2980 PS einer QJ-Dampflok, deren langgezogene Pfiffe ungeahnte tiefe melancholische Gefühle wecken, eine unbeschreibliche Sehnsucht nach Ferne, obwohl wir ferner von der Heimat gar nicht sein könnten.

Es ist das erste und einzige Mal auf unserer Reise, daß wir von diesen schwarzen, düsteren Monstern (denen wir bis tief in den Süden Chinas begegneten) gezogen werden. Archaische Ungetüme aus Eisen und Stahl, die mit ihrem Gewirr von Kesseln, Gestängen und Pleueln noch nicht verheimlichen, wo Kraft geboren wird. *Huo Cho*, ‚Feuerfakkeln', hatten die Chinesen die Lokomotiven genannt. Wie schüchtern und verlegen wirken doch unsere modernen Elt-Loks gegen diese extrovertierten Persönlichkeiten. Sie keuchen, stöhnen, pfeifen, und ihr schwarzer, schmieriger Atem erreicht uns (im zweiten Wagen hinter der Lok) selbst durch die geschlossenen Fenster.

Steppe. Halt – irgendeine dieser flachen, graubraunen Siedlungen, die sich fast verzweifelt an den Bahngleisen festzuklammern scheinen, um nicht wieder zurück in die Steppe zu fallen. Ein paar Jungs haben uns am Fenster entdeckt, und in weniger als einer Minute haben sich fast hundert Jugendliche und Kinder auf dem Bahndamm neben unserem Wagen versammelt – wie in einem Freilichtkino starren sie hemmungslos in unser Fenster. Auch ein paar Alte in geflickten Baumwolljacken blicken uns in regungsloser, wie ewiger Starre an. Ihre Augen verraten weder Abneigung noch Zuneigung, sie saugen uns nur auf – mit offenem Mund, um nur ja kein Detail zu verpassen. Für Karl ist dieses Angestarrtwerden nicht neu, für mich ist es schockierend.

Kein Passagier steigt zu, keiner aus, dies ist kein planmäßiger Stopp für einen Fernzug. Wir sind die Attraktion der Woche. Die Strecke ist eingleisig, und wir warten auf den Gegenzug. Der naht in Gestalt des Peking-Moskau-Expresses. Schnell und gewalttätig kommt er mir vor, als er, gezogen von zwei mächtigen und gar nicht schüchternen Dieselloks, die Dorfjugend den Bahndamm hinuntertreibt, die Erde erbeben läßt und binnen Sekunden an uns vorbeidonnert. Ich habe selten die Wucht der Masse eines Zuges so empfunden wie hier.

Um 16 Uhr bekommen wir ersten Kontakt mit dem langersehnten Speisewagen. Zwei Frauen in weißen Kitteln, Abgesandte der Küche, klopfen, um uns sogleich eine vierseitige, jedoch preislose Speisekarte in Chinesisch vor die Nase zu halten. Wir hatten gehofft, unser erstes chinesisches Mahl ‚mit dem Zeigefinger' in der Küche bestellen zu können. Nun ist selbst mit Hilfe des Wörterbuchs dieser Speisekarte nicht beizukommen. Eines ist klar: Um 18 Uhr wird zum Essen gebeten.

Wir wanken durch die 1. Klasse und erreichen einen hüpfenden, schaukelnden, von Musik erfüllten Speisewagen, betreten eine andere Welt voller künstlicher Blumen, Kitschlampen und orangefarbener Vorhänge. Schnell werden noch die letzten Reiskörner und Fettlachen der Vorgänger vom Tisch auf den Boden gewischt, dann folgen zwei Satz Stäbchen und Papierservietten.

Die Klappstühle an wackligen Tischen geben dieser Restauration etwas Cafeteriaähnliches. Obwohl der Speisewagen fast leer ist, wird uns ein Tisch zugewiesen – weit weg von den hilfreichen Chinesen aus dem Nacharabteil.

Auf unserem Tisch landen zwei riesige Schalen Nudelsuppe. Das hatten wir zwar nicht bestellt, aber egal. Erst als zwei weitere Schalen klarer Suppe folgen, werden wir nervös. Nun geht es Schlag auf Schlag: Reis mit Rindfleisch süßsauer, dann gebratener Reis. Jeder Quadratzentimeter des Tisches ist mit Essen bedeckt, und schon steht die lächelnde Schwarzhaarige wartend mit einem Teller dampfender Sojabohnensprossen vor dem

ab der Grenze stehen wir unter Dampf, eine QJ zieht uns bis Datong

Tisch. Notbremse! Halt! Das haben wir nicht bestellt! Unsere chinesischen Freunde übersetzen. Die Kellnerin bleibt hartnäckig. „Es kann nicht geändert werden – Sie müssen das essen."

Verhandlungen im Hintergrund, dann bespricht sie sich mit der Delegation. Die Übersetzung: „Solly, es ist ein Fehler der Bedienung, aber Sie müssen bezahlen." Die Regel des Spiels ist eindeutig: Wir dürfen unser Gesicht wahren, aber auch zahlen. Wir: „Sorry, aber das ist nicht fair!" Dann lehnt sich unser chinesischer Freund zu uns herüber und bekennt grinsend: „In Chinaah, noodahls are vehhly, vehhly ispensiff. I wandahh, why you ooadhahh noodahls!" An Karls englisches Kauderwelsch habe ich mich ja mittlerweile gewöhnt, aber dieses China-Englisch hört sich noch schöner an.

Datong

Der Schaffner weckt uns um Mitternacht. Ankunft in Datong, einer chinesischen Mischung aus Duisburg und Wieskirche. Schlaftrunken zerren wir unsere Rucksäcke hinaus in das nebelverhangene Orange der Bahnsteiglampen. Wir können die Dampfloks nicht sehen, aber riechen und hören. Die Kohlestadt Datong ist unter Touristen nicht nur berühmt für die schönsten buddhistischen Höhlen Chinas, sondern gilt auch als Mekka der Dampflokomotivfanatiker aus aller Welt. Hier im Kohlerevier der nordöstlichen Ecke Chinas hat die letzte noch produzierende Fabrik der Welt für ‚Dampfrösser' überlebt.

Die Aussteigenden, die mit ihren Leinensäcken der Fahrkartenkontrolle am Ausgang zustreben, haben mit Dampflokromantik nichts im Sinn. Ohne Warnung beginnt für uns das China der Menschenmassen, das China der Ellbogen, die man in diesem Milliardenland zum ‚Überleben' braucht. Wir werden im Gedränge hin- und hergeschoben, -geschleudert, nur um ein Haar rettet Karl seine Brille vor der Jochstange eines mit lebenden Hühnern reisenden Bauern. Schwarze Plastiktaschen und grüne Leinensäcke weisen uns mit unfehlbarem Nachdruck den Weg zu diesem Nadelöhr, durch das wir alle müssen und hinter dem wir (wie bei einem Kneippbad) in den Schock eines unendlich weiten Bahnhofsvorplatzes entlassen werden.

Eine halbe Stunde nach Mitternacht, die letzten Busse haben längst ihr Ziel erreicht, kein Taxi in Sicht und kein Hotel gebucht. Seit Berlin hatten wir uns an die uns aufgezwungene wachsame Fürsorge von Intourist gewöhnt. Nun, wieder in Freiheit, will uns ein Zuviel davon nicht richtig schmecken. Ein Vermögen für ein warmes Hotelbett!

Da fängt das Schachern schon an. Den schläfrigen Fahrer eines zugigen Tuk-Tuks, jener in Asien heimischen Motordreiräder, können wir von den verlangten 20 Yuan für eine 5-km-Fahrt auf 9 FEC herunterhandeln. (Etwa zwei durchschnittliche Tageslöhne.)

Nach knapp einer Viertelstunde biegt das knatternde Lastengefährt vor die Einfahrt des Hotels, ohne sich jedoch am Pförtner vorbei auf das Gelände zu wagen. Wie ungläubig hält der Fahrer nun die neuen, faltenlosen FEC-Scheine in der Hand. Dann lehnt er sich zurück, um in ein Lachen auszubrechen, das ich nur aus Horrorfilmen kenne. Welch ein Hungerlohn für die Beförderung auf der Pritsche eines Lieferwagens! Uns hilft nur die Kenntnis der üblichen Beförderungskosten, um hart zu bleiben.

Karl kennt das *Datong Binguan* (Gästehaus) schon von einem Besuch mit seiner Mutter im Jahre 1983. Nach fünf Minuten ist klar: Es hat sich nicht verändert – kein ‚Facelift', nichts, es ist eines der schlimmsten Hotels Chinas geblieben. Unser nicht gerade preiswertes 70-Yuan-Zimmer war mit Abstand das schmutzigste unserer Reise zwischen Lissabon und Hongkong.

Verblichene Gardinen hängen gerade noch an zwei Zipfeln über der Erde. Die Ecken und Stoßkanten des vielleicht einmal burgunderroten, nun dunkelbraun gefleckten Teppichs durchziehen rebellisch wie Fallstricke Zimmer 67. Nach einem kurzen Blick unter den braunen Bettbezug schwinden unsere Skrupel, nach 35 Stunden Bahnreise ungewaschen in diese Bettwäsche zu steigen. Gottlob ist das Licht im Bad defekt, so entdecken wir das ganze Elend dieses schimmligen, tropischen Badezimmerwunders erst am nächsten Morgen.

Der nächste Morgen: Ein pickliger Spiegel begrüßt uns im Bad, der Spülkasten hält kein Wasser mehr, den fehlenden Beckenstöpsel ersetzen wir (wohl vorbereitet) mit einem Squashball. Die rosafarbenen Plastiklatschen unter unseren Betten scheinen wie geschaffen für das Betreten der Strömungen und Tümpel dieses Badezimmers. Zum Duschen müssen wir uns in die erstaunlich trockene Badewanne knien, denn das einzig verfügbare, wenn auch warme Wasser schießt aus dem defekten Mischhahn in Kniehöhe waagerecht über die Wanne.

Das Frühstück warten wir gar nicht erst ab. Wir flüchten mit unseren Rucksäcken zur Straße und zu dem nahen *Yungang-Hotel*, einem neueröffneten, nach den berühmten buddhistischen Höhlen benannten Hotelkomplex.

„Worker", Angestellter des Touristenbüros von Datong

die letzte Dampflokomotivfabrik der Welt produziert in Datong

‚Love Story'-Musik empfängt uns schon im Foyer, die kichernden Mädchen hinter der Rezeption sind hilfsbereit. „Das Doppelzimmer kostet 80 Yuan", erklärt die kaum 20jährige, lockenwicklergekrauste Empfangsdame, und dann mit einem Blick auf unsere Rucksäcke: „Wir haben auch 6-Bett-Schlafsäle für 9 Yuan pro Person. Der im 5. Stock ist leer, dort können Sie alleine schlafen."

Der Schlafsaal entpuppte sich als gemütliches, superhelles Eckzimmer mit Stockwerkbetten und funktionierender Dusche. Es ist mit 4.50 DM schließlich unsere billigste (und gleichzeitig sehr komfortable) Übernachtung dieser Reise geblieben.

Gestern waren wir einen ganzen Tag in den Yungang-Höhlen, heute haben wir eine Tour zur Dampflokomotivfabrik gebucht. Im Minibus sitzen wir zwischen zwei Amerikanern, einem Deutschaustralier und einer Gruppe von 20 eisenbahnvernarrten Briten, denen man in China ansonsten selten begegnet. Ungeduldig, ja fast unwirsch rutschen die Briten auf den weißbezogenen breiten Lehnsesseln des Empfangsraumes der Fabrik herum. Sie möchten gleich zur Sache kommen, statt höflich Tee aus himmelblauen Deckeltassen zu trinken.

Hier sind wir also in der letzten, 1959 mit sowjetischer Hilfe gebauten Geburtsstätte dieser schwarzen Dinosaurier. „Wie lange wird die monatliche Produktion von 23 Dampfloks noch aufrechterhalten?" Die ängstliche Frage wird ebenso einfühlsam mit chinesischer Höflichkeit beantwortet: „Wir produzieren jetzt auch schon viele Dieselmotoren." Die Tage, an denen fast täglich eine QJ die düsteren Werkhallen verläßt, sind gezählt.

Nachdem fast jeder Besucher für stolze 15 Yuan eine rote, gepolsterte Urkunden-

20.09			5.01
↓	74	居庸关 Juyonggu·	37 29
53 21.03	82	青龙桥 Qinglong·	4.02 52
19 24	94	康 庄 Kangzhu·	32 3.12
23.08 20	204	张家口南 Zhangji·	38 1.26
2.12 26	382	大 同 Datong	57 22.42
4.30 42	509	集宁南 Jiningnan	39 20.24
↓	567	白音察干 Baiyin·	25 19.21
6.27 32	614	土牧尔台 Tumuer·	36 26
↓	633	乌兰花 Wulanhua	18.05 17.51
7.38 45	683	朱日和 Zhurihe	59 54
8.27 39	727	赛汉塔拉 Saihan·	12 16.00
10.26	842	二 连 Erenhot	14.08

商企业、国内外贸易、书
联系。
道出版社
市东单三条十四号
二一二五九
五五・七七五七

北京一二连89次直快，每星期二、五由北京开，每星期三、六到达二连，二连一北京90次直快每星期三、六由二连开、每星期四、日到达北京。
The fast though train No. 89 from Beijing — Erenhot starts from Beijing every Tuesday, Friday and arrives in Erenhot every Wednesday, Saturday. The fast through train No. 90 from Erenhot—Beijing starts from Erenhot every Thursday and Sunday..

mappe als ‚Honoured Steam Locomotive Driver on Probation' (mit der Erwähnung, daß man auch an der Signalpfeife gezogen hat – „Have done that!") erworben hat, folgen Instruktionen, wo nicht fotografiert werden darf. Jetzt gibt's kein Halten mehr. Mit blauen Plastikhelmen gegen die Unbotmäßigkeiten einer Fabrik symbolisch geschützt, eilen wir durch düstere Hallen, zwischen funkenversprühenden Schweißern und unter tonnenschweren Kranlasten hindurch.

Die hilflosen Blitze der Pockets und motorgetriebenen Japaner versickern wie sinnlos in den weiten Hallen, nur wer auf ein Stativ vertraut, kommt zu scharfen Bildern. Die britischen Eisenbahner und Karl sind enttäuscht, denn ohne Halt jagen wir wieder hinaus aus der Gefahrenzone und zu einem Lokschuppen, aus dem alltäglich zur Erbauung der Fans aus Übersee eine QJ zweihundert Meter vor- und zurückschnauft.

Das staatliche Reisebüro, China International Travel Service, CITS (ein Name, den man während einer Reise durch China nicht vergißt), befindet sich in einem Nebengebäude des Hotels. Die Touristenhelfer dieser Zweigstelle sind freundlich, scheinen aber nutzlos, wenn man ein Ticket nach Peking braucht. Hier lernen wir auch das chinesische ‚Njet!': *Mei you!* ist eine häufige Vokabel in China.

Wir hätten uns besser gleich für zwei Stunden in die endlosen Schlangen der Schalterhalle stellen sollen, statt dreimal täglich dort vorzusprechen. Es reicht schließlich für ein 3.-Klasse-Ticket (die sogenannte *Hart Seat*-Klasse) ohne Platzreservierung, das Schlimmste, was einem im China der Ellbogen passieren kann.

Expreß Nr. 44

5. April – 12.13 Uhr – *Expreß 44* nach Peking. Wir quälen uns durch drei Wagen, bis wir zwei nebeneinanderliegende Sitzplätze finden. Allerdings müssen wir dazu einen älteren Mann, der schlafend eine ganze Bank belegt, erst einmal wecken. Dem Ansinnen aller stehenden Chinesen, selbst der Grünen, der Soldaten, hatte er dickfellig widerstanden, bei uns traut er sich nicht.

Grün ist die Farbe, die mir in China vom ersten Tag an ins Auge gefallen ist. Grün sind die Uniformen, grün die Waggons, grün die Plastiksitze in der harten Klasse. Das Grün der Militäruniformen ist allgegenwärtig, aber es beunruhigt mich nicht so wie in der Sowjetunion. Es liegt nicht an der Farbe Grün oder Grau, sondern daran, wie die pyjamagroße Uniform getragen wird. Und an den Schuhen. Statt Schaftstiefeln scheint unter jedem Maoblau oder Armeegrün ein anderes Paar Schuhe zu stecken: Turnschuhe, schwarze Stoffschuhe und selbst Plastiksandalen werden in Kombination mit der Uniform getragen, nehmen ihr das Bedrohliche.

Schuhe! Auch sie faszinieren mich während unserer Wochen in China. Die alten Leute tragen zwar noch die bekannten Stoffschuhe, aber die Jugend ist auf Stöckelschuhe umgestiegen. Hohe Blockabsätze aus den 60er Jahren werden von Frauen wie Männern getragen, von der Männerwelt mit Vorliebe in Kombination mit kunstvoll in Diamantmuster gehäkelten Söckchen, was in unseren Augen etwas befremdlich wirkt – für die Chinesen ist es der letzte Schrei.

Unser Zug kommt aus Baotou und rollt schon seit 4 Uhr früh Richtung Hauptstadt. Hühnerknochen, Eierschalen, ausgekochter Jasmintee, Bananenschalen und der verweigerte Reisbrei eines Kleinkindmagens sind über den Fußboden verstreut. Und natürlich Spucke, die allerdings, wohl um Spuren zu verwischen, mit einer leichten Fußdrehung verteilt wird. Gespuckt wird überall in China. Vor allem am Morgen kann das Rattern des Zuges das Röcheln und Rotzen über den Waschbecken am Ende des Wagens nicht übertönen. Spucken ist ein Ritual – die Reinigung des Körpers von bösen Geistern.

Die meisten Leute trinken Tee, heben dabei die Deckel ihrer Emailletassen leicht hoch, trinken ihn schlürfend. Heißes Wasser kommt aus einer Art Samowar am Ende des Wagens, der ständig umlagert ist. Ausnahme im Heer der Teetrinker sind nur ein paar junge, schnurrbärtige ‚Nouveaux Riches', die ‚Friendship Beer' aus grünen Flaschen trinken, die sie lässig nach dem letzten Schluck in die Landschaft feuern oder auch mal auf einem Bahnsteig splittern lassen. Das scheint nur uns aufzuregen. Die jungen Nouveaux Riches verfügen über die spitzesten Ellbogen und schnellsten Reflexe. Nachschub für das Bier finden sie auf jedem Bahnsteig, im Speiserestaurant und sogar auf den fahrbaren Getränke-Trollies, die auch *Shaolin*-Cola führen – ein ‚natürlicher Gesundheitstrank'.

Gegen 13 Uhr schiebt die ‚Essen-auf-Rädern'-Lady ihren langen, metallenen Containerkarren mit Billigmenüs in Styropor-Verpackung rücksichtslos über Füße und Müll der ‚harten' Klasse.

Die uns gegenübersitzende Familie hebt fast reflexhaft die Füße. Zu sehr ist die graumelierte, gebildet aussehende Chinesin damit beschäftigt, ernst und tiefschürfend auf ihre beiden grün uniformierten Söhne einzureden, als wolle sie ihnen in den verbleibenden zwei Stunden alles das erzählen, was sie in einem Leben in der Armee zu beachten hätten.

Sie schält auch ihr Obst. Sie weiß, warum – chinesische Bauern sind im Kunstdüngerrausch und sparen auch an Giften nicht, um hohe Erträge zu erzielen. Gleichsam im Rhythmus der leiernden Pipamusik aus dem Lautsprecher folgt ihr winziges Obstmesser in einer einzigen, langen Spirale der Haut der Birne. Präzises, fast meditatives Arbeiten. Genau beobachtet, schält hier jeder sein Obst, wenn auch nicht immer so exakt und andächtig wie unsere Gegenüberfrau. Nur wir Fremdlinge glauben, das Obst schon nach einigen hastigen Reibebewegungen an einem Wollpullover verspeisen zu können.

Die Landschaft wirkt staubig, trocken und braun. Industrie, Kohlekraftwerke, Ziegelbrennöfen und auch mit Heu überladene Maultiere, und Bauern, die auf Regen zu warten scheinen. Ich liebe diesen Blick aus dem fahrenden Zug. Wie in einem Film produzieren die immer neuen, nur für Sekunden auftauchenden Bilder der Außenwelt jeweils neue Eindrücke, Erkenntnisse, Fragen.

Manchmal dauert es Kilometer, bis wir eine mögliche Antwort auf die neue Frage

Badaling, Kurzer Halt am Fuß der Großen Mauer

Mr. Li, einer unserer Nachbarn in der Hartsitz-Klasse

gefunden haben, meist aber bleiben die Fragen offen. Ich versuche die Landschaft zu verstehen, indem ich mich in eine Person hineindenke. In einen jungen Vater zum Beispiel, der mit seinem Baby am Bahndamm entlangradelt, oder eine Frau, die vor einer Hütte Wäsche zum Trocknen aufhängt, eine Bäuerin, die mit geschulterter Feldhacke über einen schmalen Saumpfad davoneilt. Geht sie nach Hause? Wie könnte es dort aussehen? War ihr Tag erfolgreich? Was ist Erfolg für sie? Was Glück?

Bis zur Erkenntnis, daß diese zuerst vereinzelt, dann immer häufiger auftauchenden, kegelförmigen Erdhügel Gräber sind, dauert es zum Beispiel mindestens eine Stunde. Sie wirken alle irgendwie frisch aufgeworfen, obenauf gekrönt von einem durch einen Feldstein beschwerten Stück weißem Papier. Ich hatte gelesen, daß Erdbestattung in China wegen des chronischen Mangels an Ackerland verboten ist und selten praktiziert wird. Und nun diese plötzliche Häufung frischer Gräber? Eine verheimlichte Epidemie vielleicht? An einigen Gräbern sind sogar noch Verwandte versammelt. Die Lösung des Rätsels: der 5. April. Er ist eine Art ‚Allerseelen'-Tag der Chinesen, an dem die Familie die Gräber ihrer Ahnen besucht, die alten Knochen ausgräbt und symbolisch wäscht, um sie dann wieder neu zu bestatten.

Meine Gedanken über Leben, Tod und Ahnen werden jäh durch eine Putzkolonne unterbrochen. Füße hoch! Mit einer Art Reisigbesen fegen die Frauen all die Schalen und Kerne, Reste und Knochen zu einem widerlichen Gemisch zusammen, um es auf hoffnungslos zu kleinen Müllschippen aufzusammeln und aus der nächsten Zugtür zu werfen. Umwelt Olé!

Badaling, 80 Kilometer nördlich von Peking. Plötzlich diese Mauer, die, wie jeder weiß, selbst vom Mond aus mit bloßen Augen zu sehen ist. Aus der Perspektive des Zugfensters kommt sie nun plötzlich wie eine steinerne Raupe die steilen Abhänge des Gebirges hinunter zum Nankou-Paß gekrochen.

Der Anblick der Großen Mauer, die vor den ‚Barbaren' im Norden schützen sollte (und die wir nun durch einen Tunnel unterfahren haben), scheint für die Chinesen so aufregend wie für uns Ausländer. Die Fensterplätze sind in fester Hand, und kaum hält der Zug, stürzen alle nach draußen. Kameras klicken. Ankunft im ‚Reich der Mitte'. Marco Polo (1254–1324) hatte das geheimnisvolle Land noch nach mongolischen Volksstämmen *Cathay* genannt. Gottfried Wilhelm Leibniz (1646–1716), Hannovers Vorzeigephilosoph, hatte es nach der damals regierenden Ching-Dynastie *Tschina* getauft – China, ein Wort, das hier im Reich der Mitte kein Chinese versteht. *Zhongguo* nennen die Chinesen ihre Heimat, eben ‚Reich der Mitte'.

Wir alle sammeln uns auf dem Bahnsteig, vertreten uns die Füße zu Füßen Sun Yat-Sens, des Gründers der ersten chinesischen Republik, dessen kleine (vermutlich sogar lebensgroße) Statue uns begrüßt. Nach mehreren Bahnschleifen lassen wir die Große Mauer hinter uns und folgen einem felsigen, ausgetrockneten Flußbett, an dessen Ufern winzige, sehr gepflegte Obstbäume mit erstem Frühjahrsgrün überraschen. Ein Kind hat aus dem Sun-Yat-Sen-Park den kleinen blühenden Ast eines Busches mit in den Zug gebracht – die ersten drei Blüten des Frühlings (die aber schon vor Peking verwelkt sind).

Um 19 Uhr kommt die nächste Putzkolonne, die Endreinigung von Expreß 44. Draußen tauchen im Dunkel vierstöckige Wohnblöcke auf. In fast jedem Fenster leuchtet eine von der Decke hängende 40-Watt-Glühbirne. Einzimmerwohnungen, in denen sich Familien auf Klappstühlen um den Abendreistisch scharen.

Die nassen, muffig riechenden, ja stinkenden Handtücher, die während der ganzen Fahrt fein säuberlich von den Gepäckstangen hingen, um griffbereit den Schweiß und Dreck der Reise in sich aufzusaugen, wandern nun mit den Emaillebechern und Deckelgläsern in schwarze Plastiktragetaschen. Säcke, Körbe und Leinentaschen werden von den Gepäckstangen heruntergeholt und unter den Sitzbänken hervorgezerrt. Alle erheben sich fast gleichzeitig, noch bevor die kreischenden, wiehernden Bremsen die nahe Ankunft verkünden. Es bleibt kaum Zeit, sich aufs herzlichste von unseren Abteilgenossen zu verabschieden. „Zai jian!" rufen wir – „Auf Wiedersehen!", und schon beginnt wieder der Kampf der Ellbogen – jeder gegen jeden.

Peking

Ein unendlicher Strom Ankommender, wohl an die tausend Menschen, ergießt sich aus dem fast halbkilometerlangen Zug auf den ebensolangen Bahnsteig. Wir schwimmen im Strom der Massen über Rampen hinunter in endlose Unterführungen, geraten auf Rolltreppen in den Strudel von Plastiktaschen und strauchelnden Omas, und plötzlich hat uns der Bahnhof auch schon unvermittelt auf dem Bahnhofsvorplatz ausgespien: *Beijing*, Peking – Hauptstadt eines Viertels der Weltbevölkerung. Beijing – ‚Nördliche Hauptstadt' – auf 39° 54' nördlicher Breite (auf der Höhe etwa von Madrid), 116° 28' östlicher Länge.

die grünen Sitzbänke in der Hartsitz-Klasse sind tatsächlich hart

Wir haben uns vorgenommen, das uns empfohlene Qianmen-Hotel im Süden der Stadt mit dem Linienbus Nr. 14 zu erreichen. Wir lassen also die lange Schlange silbern glänzender viertüriger Japaner, moderner Taxen, links liegen. „Nali gonggong qiche shi si?" – Wo finden wir Bus Nr. 14? – Erst nach vielen Wiederholungen in unterschiedlichsten Tonarten versteht jemand Karls Mandaringestammel.

Der erste Bus läßt uns stehen, auch der zweite Bus ist hoffnungslos überfüllt. Chinesen mit streßgezeichneten Gesichtern quetschen sich raus, wir rein. Karl hat sich schon einen Platz auf der zweiten Stufe gesichert, feuert mich an, mich wie die Chinesen mit Schwung und Rucksack auf die Insassen zu werfen. Die Tür schließt sich, Rucksack drin, aber meine Hand zwischen den Türflügeln eingeklemmt. Es ist zwar eine völlig ausgeleierte und schiefe Tür, mit handflächenbreiten Spalten, aber in Panik gerate ich doch. Der Bus schleppt sich im ersten und zweiten Gang auf der Qianmen Dajie nach Süden. Aus den 30 Minuten bis zur Yongdingmen Dongjie werden 50 lange Minuten.

Peking ist die Welthauptstadt der Fahrradfahrer, 220 Millionen Fahrräder gibt es in der VR China, allein in Peking sind mehr als 3 Millionen registriert (in Shanghai sogar fast 6 Millionen). Die Marke *Phoenix* sieht man selten, sie ist so etwas wie der *RR* der chinesischen Zweiräder, *Evergo* und *Flying Pigeon* (‚Fliegende Taube')gehören zur oberen Mittelklasse.

Wir verbringen unsere Tage in Peking auf Leihrädern (3 Yuan/Tag) – ich auf einem *Five Rams* (‚Fünf Schafböcke') für Frauen und Karl auf einem *Wu Yang* für kurzbeinige

Pulsschlag des Nation

Männer. Außer dem Linksabbiegen, das mir zuerst als Alptraum erschien, ist es recht einfach, allerdings nur, wenn man beachtet, daß man der schwächste Teilnehmer in diesem Verkehrsgewirr ist. Die Zahl der Verkehrstoten in Peking liegt monatlich bei etwa 80 – fast immer sind es Fahrradfahrer.

Auf unseren kleinen Abstechern in die Vergangenheit vertrauen wir uns in China zwei recht verschiedenen Führern an: dem revolutionären Reporter Kisch und Karl Baedeker, der uns in die feine Gesellschaft einführt. Das damals vornehmste Hotel am Platz war das vierstöckige ‚Grand-Hôtel des Wagons-Lits', das erst 1986, schon längst seiner Vormachtstellung beraubt, abgerissen wurde.

Dem Rikschakuli, dem Kuli, jenem Menschenschlag, der uns in den Geschichtsbüchern der Volksschule noch als Inbegriff des Chinesen vorgestellt wurde, hat Kisch ein ganzes Kapitel gewidmet. „Zwölf Mark dafür, daß er dreißigmal im Monat, wochentags und sonntags, vom frühen Nachmittag bis zum frühen Morgen, tagaus, tagein, ... kreuz und quer, hin und her, auf und ab, Schritt und Trab, federnd und zerrend, durchschnittlich hundertdreißig Meter in der Minute macht, bis zu zehn Kilometer in der Stunde."

Unsere Großväter waren noch die Herren Chinas, ihre Sprache eine Kolonialsprache, so auch das Rikscha-Alphabet, in das der Reiseführer Karl Baedeker den Rail-set im gewohnten Kurzkurs einzuführen versteht. „Rikschakuli la-tsch'oti!" – Fahr in die Deutsche Gesandtschaft – „Rikschakuli hwi' ts'ü!" – Kehr um! „Rikschakuli hwi' fantien!" – Zurück ins Hotel! Auch mit den Dienern im Hotel wurde Pidgin gesprochen.

„Pidgin-Englisch ist geradebrechtes Englisch, in jenem Grade geradebrecht, den der Europäer der Zunge und dem Gehirn des Farbigen für angepaßt hält. (Ebenso glauben die klugen Erwachsenen mit Kindern Papperlapapp quatschen zu müssen.)" – So geißelt Egon Erwin Kisch diese Behelfssprache.

Manchmal frage ich mich allerdings, ob unser eigenes Mandaringestammel, das wir dem Fahrer auf der Fahrradrikscha entgegenrufen, nicht die gleiche Wirkung hat! Sind wir kamerabehängten Touristen mit unseren vollen Brieftaschen nicht auch eine Art moderner Kolonialisten? Wir möchten jeden Punkt dieses Globus zu Minimalpreisen erreichen, feilschen mit jedem Rikschafahrer um ein paar Pfennige und verteilen Minuten später unser Geld mit der Geste des Besitzenden.

Warum bestehen gerade wir Rucksackreisenden eigentlich so beharrlich auf gleichen Preisen für alle? Ist der Touristenaufschlag von 100% auf Bahnfahrkarten und Flüge ungerecht, unsozial oder gar rassistisch, wie es nicht wenige Globetrotter in China glauben? Wohlwissend um unsere materielle Überlegenheit, verlangen wir postwendend Gleichheit, wenn es um unsere Dollars geht.

„Es wird meist mit mexikanischen Silberdollar gerechnet", schreibt schon Baedeker. „Der *Käsch* (etwa 1/5 Pfennig) ist eine in der Mitte durchlochte Kupfermünze. Summen über $ 10 zahle man in Scheck oder bei Chinesen in bar. – Wenn man bei Chinesen wechselt, so verlange man für einen Dollar 110 (nicht 100) Cents." Ob die auffällige Ähnlich-

Blick in den Ostflügel der Pekinger Wartesäle

keit mit *Cash* nur zufällig ist, weiß ich nicht, der Devisenhandel mit dem unkonvertierbaren *Käsch* ist jedoch gleichgeblieben. Auch heute empfehlen die Reiseführer den Schwarzmarktkurs von 2,40 Yuan (nicht 2,00) für eine Deutsche Mark.

Baedekers Stadtplan verrät uns auch die gewaltigen Veränderungen, die Beijing nach 1949 über sich ergehen lassen mußte. Damals bestand Peking noch aus fünf durch Mauern getrennten Stadtteilen: der Mandschu- oder Tatarenstadt, dem Gesandtschaftsviertel, der purpurnen, verbotenen Stadt, welche die kaiserliche Stadt umschloß, und im Süden lag die Chinesenstadt. (Die Mandschus waren die Oberschicht, die Fremdherrschaft, die den Chinesen das Zopftragen aufgezwungen hatte.)

Nach der Befreiung zerbrach allerdings dieses Stadtbild der Stadtmauern, Tore und Pavillons am naiv-dogmatischen Glauben, man könne mit den Symbolen des alten Kaiserreiches auch die Wurzeln des feudalen Denkens ausreißen, um das neue Peking, das neue China für den neuen Menschen aufzubauen.

Nach unserem ersten Radlertag suchen wir im Dunkeln das *Sucai Fanguan*, ein uns empfohlenes vegetarisches Restaurant. Kaum haben wir unser Fahrrad (wie immer illegal irgendwo an einem Baum) geparkt, spricht uns ein junger Chinese mit leicht amerikanischem Akzent an. Wegen seines GI-ähnlichen Haarschnitts und seiner modischen Wolljacke war er mir schon bei der ‚Parkplatzsuche' in der Menge aufgefallen. Er suche auch ein Restaurant, ob er uns begleiten könne.

Bier für alle! Es ist erschreckend, wie schnell das Bier den Tee aus chinesischen Restaurants verdrängt hat. Die typische Frage der Kellnerin „Was wollen Sie ausgeben?", scheint uns mehr Kopfzerbrechen zu bereiten als dem Studenten. 15–20 Yuan möchten wir maximal für ein paar vegetarische Spezialitäten hinblättern, deren Namen sich wie Gerichte normaler Restaurants lesen. Auch das Aussehen ähnelt täuschend den Vorbildern: Fisch und Huhn, aber die Speisen bestehen ausschließlich aus Nüssen, Sojabohnenquark, Gemüse, Algen und Getreide.

Vorbei sind die Jahrhunderte des Hungers, in denen die noch übliche Grußformel „Hast du schon gegessen?" entstand. Zumindest für die Mehrheit der Städter scheint sie heute ihres Sinns beraubt. In den Städten wurde in China immer schon besser gegessen. Erstaunlicherweise gab es 1949 noch 10.000 Restaurants im Peking der damals 1,2 Millionen Einwohner. Heute müssen sich die 9,5 Millionen Pekinger mit knapp 2000 Restaurants begnügen.

Normalerweise kann man sich mit 90 Yuan Monatsgehalt gerade ein Essen in den staatlichen Straßenkantinen leisten. Oft lieblose Pampe in extrem schmutziger Umgebung. Da möchten auch die Hungrigsten nicht allzulange verweilen. In die neuen und teuren westlichen Fastfood-Restaurants à la McDonalds verirrt sich ein Pekinger nur selten, und sicher nicht, um schnell zu essen.

Zwanzig Minuten fahren wir vom *Tianamen* bis zu unserem Hotel. Dynamo und Lampen fehlen an chinesischen Fahrrädern. So verwandeln auch wir uns zu zwei dieser heimwärts strebenden, über Kreuzungen dahinhuschenden Schatten – zurück zum Hotel, das in der Nähe des Vorstadtbahnhofs *Yongdingmen* liegt.

Um 6 Uhr früh sind wir schon wieder auf den Rädern. Wie riesige Fischschwärme rollen die Radfahrer über die breiten Alleen der ‚Nördlichen Hauptstadt'. Selbst rote Ampeln, die von Radfahrern nur selten beachtet werden, bringen diese Schwärme oft nicht zum Halten, verzögern nur den breiten Fluß, der sich durch den Querverkehr schlängelt. Wie ‚Fische im Wasser' fühlen wir uns im endlosen Strom der dahingleitenden Radler, überholen nur ein paar hoffnungslos mit Hühnern, Schweinehälften oder Kohlköpfen überladene Lastenräder.

Wir lassen uns treiben. „Auf dem Fahrrad glaube ich mich den Chinesen am nächsten, im Gleichschritt der Pedale, fast schon wie eine Meditation – in solidarischer Einheitsfront gegen die Angriffe schwarzer Limousinen, Busse und grünbrauner Militär-Lkws, deren Horn mich bis ins Mark einschüchtert, einen chinesischen Radfahrer jedoch keinen Millimeter vom Kurs abweichen läßt." (Aus ‚Bilder einer Weltreise').

Zur Teezeit geordneter Rückzug ins klassische Ausländer-Ghetto: Das Peking-Hotel verbindet auf merkwürdige Weise das Flair chinesisch-sozialistischer Eleganz mit dem Komfort für fußlahme Ausländer. In weichen Lehnsesseln sitzen sich Geschäftsleute im Anzug und Globetrotter (die sich eine 220-Yuan-Übernachtung nicht leisten wollen) in ihren besten T-Shirts gegenüber.

Schräge und wunderbare Geschichten sind hier bei einer Tasse Tee oder Kaffee für 2 Yuan zu belauschen. Schotten und Italiener versuchen am Cafétisch über langwieriges Dolmetschen die letzten Vertragsfeinheiten für den Import von Kaffeemaschinen und anderem Nützlichen und Unnützlichen auszuhandeln. Es geht auch um Baumwolle, Maschinen, ja selbst um Bücher. Ein Gespräch ist allerdings ein wenig heiß für meine Ohren. Ein Amerikaner bespricht mit seiner chinesischen Gattin aus Hongkong alle Einzelheiten ihrer Scheidung: Zeitpunkt, Ort, die Häuser, das Vermögen (reichlich vorhanden), die Kinder ins Internat, Abendessen

TV-Konversation in einem privaten Restaurant hinter dem Bahnhof um 20 Uhr, alles in einem Atemzug und dieser Reihenfolge.

Das Hotel ist eine kleine Welt für sich. Post, Bank und eine Reihe von Souvenirständen säumen die Gänge des ehrwürdigen Peking-Hotels. Warme Kodak-Filme, Milo-Trank, Planter's Peanuts und Bramwell's Pickles werden neben Weihnachtsliedern von Nana Mouskouri und einem längst überholten ‚Disco book, latest steps' angeboten.

Uns locken schon eher die Stände mit chinesischen Stempeln. Man nennt dem Verkäufer hinter dem Verkaufstresen seinen Namen, er filtert sich etwas chinesisch klingendes aus dem Gweilo-Namen und 24 Stunden später ist der Stempel abholbereit. „Was heißt denn nun dieses Schriftzeichen auf meinem Stempel?" Elisabeth aus Ohio, USA, ist mit dem Ergebnis nicht zufrieden. *Elizabeth* (*th* please!) hatte sich auf wunderbare Weise in ‚city bus' verwandelt.

Überquert man, vom Peking-Hotel kommend, die Dongchang'an-Allee und begibt sich in eine dieser kleinen Gassen zwischen auffallend hohen Mauern, so ist man schon im *Legation Quarter*, dem ehemaligen Botschaftsviertel, gleich in der Nähe des damaligen *Chienmen*-Bahnhofs der Mukdenlinie nach Europa.

Ebenso wie Hannovers König Ernst August Norddeutschlands Eisenbahnkreuz weit weg von seiner Residenz nach Lehrte verbannte, so verwies der chinesische ‚Sohn des Himmels' das ‚eiserne Ungeheuer', das die Fremden ins Land gebracht hatten, weit vor die Tore Pekings. Zu Baedekers Zeiten (China ist schon Republik, die Mandschu-Herrschaft beseitigt) hatten sich allerdings die imperialistischen Mächte schon durchgesetzt.

Die Bahn durchbohrte nun südlich des Himmelstempels hinter dem *Yungtingmen*-Bahnhof (nahe unserem Hotel) die Mauer der Chinesenstadt („durch riesige, unbebaute Flächen, welche fast den Eindruck einer ummauerten Nomadensiedlung macht…") und führte dann nach einer langgezogenen Kurve entlang der südlichen Mauer der Tatarenstadt zum *Tienamen*-Bahnhof, gleich neben dem Gesandtschaftsviertel.

Seit 1959 liegt Pekings Hauptbahnhof zwar immer noch im Stadtgrundriß der einst von Mauern umgebenen Tatarenstadt, südlich des alten Sternobservatoriums, aber doch abseits des Zentrums der Macht. Der neue Bahnhof ist ein Kind des ‚Großen Sprungs nach vorne', Chinas abenteuerlich naivem Versuch, sich in wenigen Jahren in die Reihe der Industrienationen zu katapultieren. Ein Heer von Bauarbeitern hatte innerhalb von 10 Tagen ein Gelände von 85.000 qm Fläche von Tempeln und Gartenhofhäusern ‚bereinigt', um dann in 7 Monaten und 20 Tagen diesen Bahnhof hochzuziehen, ein Gebäude, das lange als ein Musterbau Chinas galt.

Auf 6 Bahnsteigen werden täglich über 250 Personenzüge mit insgesamt über 200.000 Passagieren abgefertigt. Das sind zwar ‚nur' 50.000 mehr als das Personenaufkommen des Hannoverschen Hauptbahnhofs, in Hannover sind es jedoch vor allem Pendler, die mit Aktentasche den Bahnsteig wechseln bzw. der Innenstadt zustreben. Hier in Peking sind es Fernreisende, Reisende im ursprünglichen Sinn.

Wenn die Wartesäle voll sind, Pekinger Hbf

die Wartesäle des Pekinger Hauptbahnhofs sind die größten der Welt

Um eine gewaltige Zentralhalle gruppieren sich drei Flügel mit jeweils zwei Geschossen, die laut ‚Guiness Book of Records' die größten Wartesäle der Welt beherbergen. 15.000 stehende Chinesen könnten sie aufnehmen. In meist blauer oder grüner Reisekleidung, Karten spielend, essend, lesend, schlafend, zuckend und schnarchend, mit ihren Körpern ihre Habseligkeiten und Schätze bedeckend, lagern sie in den Hallen. Überall Stapel von grünen Textiltaschen, Lebensmittelkörben und rot-weiß-blau gestreiften Plastiktaschen.

Wie ein Scheinwerferbündel dringt die Sonne in die raucherfüllte Haupthalle bis hinunter zum gelblichen und himbeerfarbenen Steinfußboden und den verstaubten lila Azaleen. Die Halle wird von zivilen Ordnern mit roten Armbinden beherrscht, die schreiend, pfeifend und mit fuchtelnden Armen die Menschenmassen über die Rolltreppen und Treppenhäuser zu den richtigen Bahnsteigen und Wartesälen zu lenken suchen. Irgendwo hinter den Rolltreppen sorgt Militärpolizei für zuviel Ordnung, eine Glastür führt in wohldekorierte Warteräume für VIPs, zu denen wir nicht gehören.

Züge tragen die Hauptlast chinesischer Reisetätigkeit, 1986 wurden 1,03 Milliarden zahlende Passagiere in Chinas Zügen gezählt. Statistisch gesehen reist also jeder Chinese einmal im Jahr per Bahn. Vor allem in der Zeit der staatlichen Feiertage, dem chinesischen Neujahr oder dem Gründungstag, quellen die Züge über, wie bei uns die Autobahnen. Ferienzeit, auch wenn ‚die schönsten Tage des Jahres' in China kaum vier Tage zählen.

Eßwerkzeug in einem Yaotse-Restaurant

Der zentrale Speisesaal mit den Ausmaßen einer größeren Bahnhofshalle ist eindrucksvoll, aber kein Paradies für Gourmets. Der irgendwie dimensionslos hohen Decke scheint ein ebenso gigantisches chinesisches Wandgemälde von einem der neun heiligen Berge Chinas mit grellem Grün und hohen Wasserfällen als optische Stütze zu dienen.

Für 4,20 Yuan erstehe ich an einem winzigen Schalterfenster (hinter dem man die Verkäuferin nur ahnen kann) zwei rosarote Zettelchen – Coupons für zwei Schüsseln *Yaotse* (chinesische Ravioli), mit denen Karl sich in einer langen Warteschlange anstellt. Nach zehn Minuten drückt ihm eine attraktive junge Frau (mit schwarzem Mittelzopf bis zur Hüfte) zwei brüllendheiße Emailleschüsseln in die Hand. Während all die anderen Hungrigen die heißen Schüsseln scheinbar ungerührt zu ihren Familientischen balancieren, muß Karl sie sofort (und insgesamt dreimal) auf dem schmierigen Boden absetzen, bis er unseren Tisch erreicht.

Die mit einem Schuß Essig und Sojasauce verfeinerten Yaotse schmecken noch schlimmer, als ich es in einem 3.-Klasse-Speisesaal im Pekinger Hauptbahnhof erwartet hatte: lauwarmer Magenballast, mehlig und klebrig.

Unser Gepäck ist mittlerweile erheblich leichter geworden. Daunenjacken, Wollkleidung und Bücher sind mit den ersten Souvenirs per Post via Transsib zurück nach Deutschland gegangen: drei Teekannen, zwei Flugdrachen, fischähnliche Kämme aus Sandelholz, Glühlampen mit innen fluoreszierend aufleuchtenden Kaninchen und mehrfarbigen Blumen. Echter Kitsch und Brauchbares, alles sorgfältigst verpackt und in Leinensäcke eingenäht.

Süßigkeitenverkäuferin in der Dongdan-Avenue, Peking

in den offenen Abteilen der Hartbett-Klasse reisten wir am Liebsten

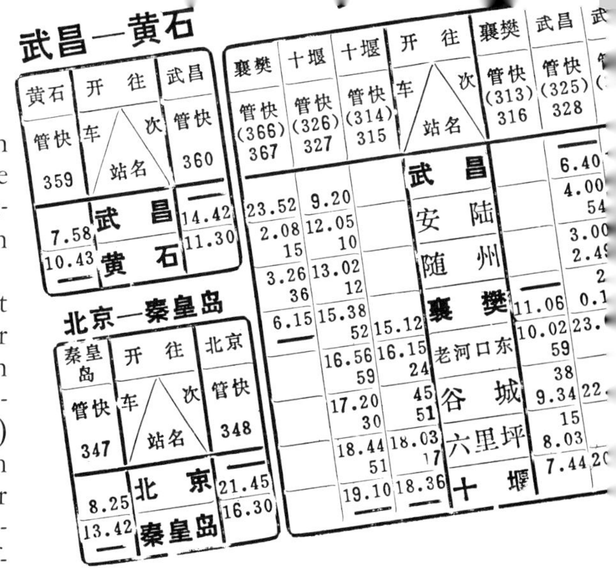

武昌—黄石

黄石 管快 359	开往 车次 站名	武昌 管快 360
7.58	武昌	14.42
10.43	黄石	11.30

北京—秦皇岛

秦皇岛 管快 347	开往 车次 站名	北京 管快 348
8.25	北京	21.45
13.42	秦皇岛	16.30

襄樊 管快 (366) 367	十堰 管快 (326) 327	十堰 管快 (314) 315	开往 车次 站名	襄樊 管快 (313) 316	武昌 管快 (325) 328
23.52	9.20		武昌		6.40
2.08 15	12.05 10		安陆		4.00 54
3.26 36	13.02 12		随州		3.00 2.49
6.15	15.38 52	15.12	襄樊	11.06	2 0.1
	16.56 59	16.15 24	老河口东	10.02 59	23.
	17.20 30	45 51	谷城	38 9.34	22.
	18.44 51	18.03 17	六里坪	15 8.03	
	19.10	18.36	十堰	7.44	20

Nanjing-Expreß

12. April. Verspätete Abfahrt um 17.38 Uhr. Die Schaffnerinnen des *Nanjing-Expreß 65* haben ihr dunkles Winterblau schon gegen eine blaßgraue Baumwolluniform ausgetauscht. Es wird Frühling. Im Austausch gegen eine Aluminiumblechmarke wandern die Platzkarten in die schwarze Plastikmappe der Schlafwagenschaffnerin von Wagen 3. Aus allen verfügbaren Bordlautsprechern empfängt uns wieder ‚Love Story'-Filmmusik, aber die Lautstärke verhindert jede Spur von Romantik.

Dies ist meine erste Reise in der offenen ‚harten' Klasse. Das Bahnwesen im ‚klassenlosen' China kennt drei Klassen, die aus gutem Grund nicht nach Klassen, sondern nach Härte unterschieden werden. *Soft-Bed* und *Soft Seat* entsprechen unserer ‚1. Klasse', *Hard-Sleeper* der 2. Klasse und *Hard-Seat* der 3. Klasse. Den ‚Hard-Sleeper'-Wagen (*yingwo*) mangelt es zwar an Privatsphäre, dafür wirken sie wunderbar geräumig und offen bis zur Außenhaut. Keine Resopalwände, Schiebetüren und Deckenverkleidungen verbergen den wahren Querschnitt des Wagens wie in der 1. Klasse, in der ich mich oft zu beengt und isoliert fühle.

Das Innere des ‚Sleepers' erinnert mich sogar ein wenig an den Schlafsaal eines Jugendcamps. Lange Reihen von quer zur Fahrtrichtung gestellten, babyblau gestrichenen Pritschen. Jeweils drei liegen übereinander, sechs bilden eine Einheit, die zwar durch eine dünne Trennwand aus Sperrholz von den anderen abgeteilt, zum seitlichen Gang hin jedoch offen ist.

Sitzbänke und Pritschen sind olivgrün und mit einem Minimum an Material gepolstert. Für die Nacht sind auf den obersten Pritschen maoblaue, zwei Zentimeter starke Matratzen, rosa Kopfkissenbezüge, Bettbezüge und rostorangefarbene Wolldecken gestapelt.

Das Abteil ist nicht nur geräumig, es ist auch meist nur von 4 Personen belegt. Unter jedem Fenster des Korridors sind seitlich von einem verbreiterten Fensterbrett (gerade ausreichend für einen Teebecher oder ein Buch) jeweils zwei Klapphocker montiert, die sich außergewöhnlicher Beliebtheit erfreuen. Der einzige Nachteil dieser Plätze, deren Freiwerden sich durch ein geräuschvolles, schlafunterbrechendes Zurückschlagen der Sitzfläche ankündigt, ist die ständige Bewegung im Korridor. Leute auf dem Weg zum Restaurant, zur Toilette oder zum Heißwasserkessel am Ende des Waggons reiben sich am Träumenden, Lesenden.

Essenmarken-Verkäufer

Trotzdem – die Klappstühle sind ideal zum Tagträumen – Landschaft, Fragen, Menschen, Zukunft, Landschaft. Zwischen Feldern mit jungen Reissetzlingen auch ein paar sattgelbe Rapsfelder, in denen sich die (noch?) verbotenen Grabhügel der Bauern verräterisch abheben. Winterbäume zeigen ihr erstes zartes Grün. Kunstvoll errichtete Strohstapel, kleine Lehmhütten in einem Meer von Grün, das ab Tianjin, Chinas drittgrößter Stadt, deutlich zunimmt.

Das junge Paar in unserer Schlaf-Einheit sind ‚Honeymooner' aus Peking. Sie arbeiten beide in einer Fabrik im Süden der Hauptstadt. Li, die ein paar Worte Englisch beherrscht, schweißt Heizkörper zusammen, Ehemann Wang ist spezialisiert auf Zahnarzt- und Laborgeräte. Sie sind auf dem Weg nach Hangzhou, dem Mekka der chinesischen Flitterwöchner.

Sobald sie erfahren, daß wir aus Deutschland und Australien kommen, stellen sie die Frage, die uns alle Chinesen stellen: Wo habt ihr euch kennengelernt? In einem Land, in dem die Mehrheit der Ehen noch durch die Eltern bzw. die Kuppler der ‚Einheit' eingefädelt wird, bleibt ein Ort wie Bali nicht nur geografisch unvorstellbar.

Daß wir noch keine Kinder haben, ist für sie ebenso unverständlich. „Sehen Sie sich doch den Kleinen im Nebenabteil an? Ist er nicht süß?" Der ‚kleine Kaiser' von nebenan ist reichlich schüchtern – trotz stärkender Uniformmütze. Im rosarot geblümten Pullover und blauer Baumwollhose mit Po-Schlitz ist er der Liebling des Abteils. Chinesen sind sehr kinderlieb.

Musik spielt eine wichtige Rolle während der Reise. Ein Potpourri von Mozart bis James Lasts ‚Trumpet-a-go-go'. Manchmal frage ich mich, ob die langsamen Passagen der Richard-Clayderman-Klavierromanzen für die vielen Honeymooners unterwegs nach Hangzhou gespielt werden oder den aktuellen Zeitgeist der Chinesen widerspiegeln.

Um 22 Uhr wird nach einem warnenden Flackern das Licht gelöscht. Nur im Korridor weisen ein paar Lampen im Fußraum den Weg zu den Toiletten, in denen eine 40-Watt-Lampe das aktuelle Ausmaß der Überschwemmung beleuchtet. Ich finde die Matratzen eine Idee zu hart, Karl schläft ohnehin überall. Er schläft auch, als wir gegen Mitternacht vor Jinan über den *Huangho*, den Gelben Fluß, rollen. Auch ohne Blick aus dem Fenster verrät das minutenlange echohafte Rattern durch den Stahlkäfig der (1912 von einer Augsburger Maschinenfabrik gebauten) Brücke, daß wir die ‚Wiege der Zivilisation' überqueren.

Brathähnchen vom fliegenden Bahnsteig-Händler

Ab 6 Uhr Stationsansagen, von denen wir jedoch weder ‚Bahnhof' noch das „......" verstehen. ‚Bengfu' lesen wir in lateinischen Buchstaben auf dem Bahnhofsschild, und der Fahrplan verrät uns, daß wir zwei Stunden Verspätung haben. Nach ‚An der blauen Donau' folgt hektische Popmusik aus Hongkong zum Aufwachen. Popsänger(innen) aus Hongkong bringen heutzutage jeden Chinesen in die Senkrechte.

Das gelegentliche Grün von gestern ist einem regelmäßigen Meer von gepflegten frischgrünen Reisfeldern gewichen. Um 11.30 Uhr bereiten uns die ‚Honeymooner' auf die baldige Überquerung des *Yangtse* vor. Aber es wird aufgrund der Verspätung fast 13 Uhr, bis wir die braunen Wassermassen von Chinas legendärem Fluß überqueren.

Der *Yangtsekiang* (Changjiang) ist mit 6380 Kilometer Länge nicht nur der längste Fluß Asiens, er gilt auch als Chinas ‚Heizäquator', „eine energiepolitische Institution", wie sie Uli Franz bezeichnet. Der Yangtse entscheidet, ob im Winter gefroren oder geschwitzt wird, denn südlich seiner Fluten wird offiziell nicht mehr geheizt. Dieser ‚Äquator' war und ist Chinas mächtigste, kaum überwindbare natürliche Barriere, die auch der Eisenbahn bis in die 50er Jahre die Schranken wies.

Schon ab 1895 versuchten die imperialistischen Mächte auf der Schiene zu den Bodenschätzen Chinas vorzustoßen. China war damals aufgeteilt wie ein Kuchen. Über Jahrzehnte war die Mandschurei ein Zankapfel zwischen Rußland, Japan und England. Die Deutschen konzentrierten ihre Kräfte statt dessen gegen und mit Franzosen und Engländern vor allem auf die Bahnlinien südlich von Peking.

1577 Meter lang ist die doppelstöckige Brücke über den Yangtse

1876 hatte die britische Firma *Jardines* (die durch den Opiumhandel reich wurde und der heute noch ‚halb' Hongkong gehört) heimlich eine 15 km lange Bahnlinie von der Mündung des Yangtse nach Shanghai legen lassen. Sie wurde jedoch auf Veranlassung des Kaisers wieder zerstört, die Bahnstrecke zwischen der Hauptstadt und der nahen Großstadt Tianjin konnte er gegen die Fremdmächte allerdings nicht mehr verhindern.

1900 war die Eisenbahn schließlich auch einer der unmittelbaren Auslöser und Gründe für den *Boxeraufstand* gegen die verhaßte Fremdenherrschaft. Den ‚Boxern' blieb das volle Konzept der kolonialen Ausbeutung mit Hilfe der Eisenbahn zwar verborgen, ihnen war vor allem die Trassenführung durch die Landschaft ein Dorn im Auge. Denn die Spur der Eisenbahn widersprach der chinesischen Lehre von der Harmonie mit der Natur, *Fungshui* (‚Wind und Wasser'). Die Eisenbahn erschien ihnen wie tiefe Einschnitte in der roten Erde Chinas, wie das Blut des Drachen, den man nicht ungestraft verletzt.

Nach der Niederschlagung des Boxeraufstandes und der Demütigung Chinas durch die Kolonialmächte waren die ehrgeizigen Eisenbahnpläne der Europäer nicht mehr aufzuhalten. Im gleichen Jahr wurde die Strecke Peking–Hankau (dem späteren Wuhan) eingeweiht. Die südliche, allerdings noch durch den Yangtse unterbrochene Verlängerung von Wuhan bis Kanton wurde jedoch erst 1936 fertiggestellt. Und bis zum Bau der Yangtse-Brücke in Wuhan im Jahre 1957 mußten die Passagiere und das Frachtgut noch per Fähre übergesetzt werden.

Bahnhof Nanjing. Wir sind nicht die einzigen, die hier, südlich des Heizäquators, den Zug verlassen und sich mit kantigen Gepäckstücken und Ellbogen den Weg durch das Nadelöhr der Fahrkartenkontrolle bahnen.

Der Bahnhofsvorplatz erinnert schon an indische Verhältnisse. Taxifahrer hängen uns wie Kletten am Gepäck. Der Weg von staatseigener Untätigkeit bis zur aufdringlichen Geschäftstüchtigkeit ist in China nicht weit – einfach nur quer über die Straße.

Nanjing

Wir vertrauen uns schließlich einem künstlich gelockten jungen Chinesen an, der uns für ein Drittel des Fahrpreises des Toyota-Crown-Taxis (dessen Fahrer 18 Yuan verlangte) zu einem Hotel fahren will. Sein Wagen ist ein Fiat 500. Schon der Versuch, Karls Rucksack unter der Haube vor der Windschutzscheibe zu verstauen, erweist sich als hoffnungslos. Schließlich klettere ich in eine kleine Lücke zwischen den Rucksäcken auf der Rückbank, Karls kurze Beine passen gerade noch vor das Armaturenbrett.

Der ‚Südlichen Hauptstadt', *Nan-jing*, war es im Laufe der Geschichte immer wieder gelungen, dem mächtigen Beijing den Rang abzulaufen. Nach der Revolution von 1911 verlegte der republikanische Vater Chinas, Sun Yat-Sen, seinen Regierungssitz in diese bezaubernde Stadt, deren flache Hügel von breiten Platanenalleen überzogen werden. Die Platanen (sie wurden in den 30er Jahren aus Frankreich importiert) spenden nicht nur Schatten, sie überziehen in Zusammenarbeit mit der Sonne die Alleen mit millionenfach neuen Lichtmustern.

Eine friedliche Stadt, nur wenn sich harmlos vertraute Weihnachtsmusik (‚We wish you a Merry, Merry Christmas!') nähert, ist extreme Vorsicht geboten. Sie wird vom Megaphon eines Lkws verbreitet, der wie eine Art mobiler Springbrunnen die Alleen mit breiten, nach vorne und seitlich zielenden Wasserfontänen überzieht, um den Staub zu binden. Die Chinesen suchen sich schon beizeiten einen Fluchtweg in die umliegenden Geschäfte, nur wir stehen allzuplötzlich unter einer Dusche.

Ein Ausflug zur Yangtse-Brücke gehört zum Pflichtprogramm unserer Reise. Mao grüßt uns überlebensgroß in der kühlen marmorverkleideten Empfangshalle im südlichen Brückenkopf. Die Brücke ist eines der symbolträchtigsten Projekte von Mao Tsetungs Leitlinie des ‚Vertrauens in die eigene Kraft'.

1960 hatte die Planung gemeinsam mit den Sowjets begonnen, aber nach dem Bruch im sozialistischen Lager nahmen die Russen nicht nur die Maschinen, sondern auch die Blaupausen und Detailzeichnungen mit. Außer Kies und Zement und frustrierten Chinesen blieb nichts zurück. Sechs Jahre Pause. 1966 wurde der Bau der 1577 Meter langen Brücke (die gesamte Brückenanlage mißt 6772 Meter) wieder aufgenommen, am 1. 9. 1968, rechtzeitig zur Mobilisierung der Kulturrevolution, rollte der erste Zug über diese Stockwerksbrücke, die heute von einer Belegschaft von 600 Arbeitern gewartet wird.

Seit 1986 hat ein Spiegelglasmonument der Brücke den Rang abgelaufen. Konkurrenzlos reckt sich das *Jinling*-Hotel über die Silhouette der Millionenstadt. Pilgerziel zahlloser Chinesen, die sich vor seinen Pforten ablichten lassen. Ich bin überzeugt, daß das ‚Jinling Fandian' in einem chinesischen Familienalbum höher im Kurs steht als der Kaiserpalast oder Sun Yat-Sens Grab.

Hoch oben im Drehrestaurant des ‚Jinling' geht der Blick weit über die Stadt. Nachmit-

Wartesaal der Hartsitz-Klasse im Hauptbahnhof von Nanjing

tags bis 17 Uhr ist es für Ausländer allerdings geschlossen. Dann strömen Chinesen aller Altersklassen für ein stolzes Eintrittsgeld von 5 Yuan in den 36. Stock. Weniger um einen Blick über den Dunst der Stadt und ihre Straßen zu werfen, sondern um auf diesem Wege, zumindest im Vorbeigehen einmal, einen scheuen Blick in diese von Ausländern bewohnte Traumwelt werfen zu können, die ihnen ansonsten verschlossen bleibt.

Uns sind die erforderlichen 215 Yuan für ein Doppelzimmer bei weitem zu teuer. Wir wohnen in keinem modernen Joint Venture-Hotel. Unser Hotel heißt ‚Shemli-Fandian' oder *Victory* und ist eine jener Herbergen, in denen die Belegschaft schon längst über die Gäste gesiegt hat – extrem unfreundlich und in keinem Fall hilfsbereit.

Der Koch ist zwar ein Künstler, aber die Kellner nehmen schon um 12.29 Uhr keine Bestellung mehr fürs Mittagessen entgegen. Essenszeit ist von 11.30–12.30 Uhr. Keine Diskussion. Der Tagesablauf im Hotel wird von strengen Essenszeiten reglementiert, wie in einer deutschen Jugendherberge. Essen nach Plan, Ordnung muß sein, auch oder gerade für Individualtouristen. Und während des Abendessens übt schon die Band für die anschließende Disco im Saale.

Zugegeben – das Doppelzimmer ist sauber und der Fernseher neu. Das Programm jedoch, vor allem die Werbung, überrascht uns. Nicht nur, weil häufig für Nichtkonsumierbares wie Mähdrescher, Kugellager und Ölpipelines geworben wird. Hat schon ein Westeuropäer Probleme, sich in ‚seinen' Werbespots wiederzufinden, so hebt die Werbung der Chinesen völlig vom Boden der Realität ab. Sie spielt in Discos oder in großräumigen Wohnungen amerikanischen Zuschnitts, von Klappmöbeln und 40-Watt-Lampen keine Spur.

Das Schlimmste im Hotel ist der Lärm, der sich verstärkt, wenn die letzte Fernsehsprecherin sich verabschiedet hat. Störend ist weniger der verzweifelte Versuch der Big Band, gegen den Mozart aus dem Lautsprecher einen eigenen Rhythmus zu finden. Störend ist vielmehr der ganz normale Lärm der Hotelangestellten.

Ich weiß, Chinesen haben die Fähigkeit entwickelt, sehr selektiv wahrzunehmen, das Störende zu verdrängen. Deshalb betrachten unsere Kellner und Zimmermädchen sich auch um Mitternacht nicht als Lärmquelle, wenn sie Karten spielend die gesamte Etage wachhalten – jedenfalls die Nichtchinesen.

Chinesen können überall schlafen. Selbst im Gewühl der lärmerfüllten Schalterhalle des Bahnhofs, in die wir zwecks Fahrkartenkauf eingedrungen sind, finden Reisende wohlverdienten Schlaf. Schritt um Schritt, Ellbogen um Ellbogen, zwei Stunden lang, windet sich Karl im Windschatten von drei jungen *Kongs* (Touristen aus Hongkong) vor bis zum Fahrkartenschalter Nr. 21.

Ein von spitzen Dornen gekröntes Eisengitter vor der halbrunden, kinderkopfgroßen Schalteröffnung sorgt für genügenden Abstand. Die zierliche Beamtin hinter dem Guckloch wirkt so klein, so fern, als säße sie am anderen Ufer eines trennenden Gewässers.

Auf einem erhöhten Sitzplatz über der Menge thront der Kampfrichter (wie beim Tennis in Wimbledon). Wenn er für die Beilegung von Platzstreitereien sorgen muß, bahnt er sich mit Hilfe eines Megaphons mit elektronischem Blökton den Weg durch die gereizten Volksmassen, deren Sinne auf ein einziges Ziel ausgerichtet sind: eine Fahrkarte zu erstehen.

„Wo yao mei piao chu Shanghai!" (Ich möchten kaufen Fahrkarte gehen Shanghai!) brüllt Karl sein Pseudo-Mandarin durch die Öffnung. „Wei?" oder so ähnlich, klingt es fragend zurück. Irgendwas muß an der Betonung falsch sein, außerdem wird hier schon Shanghaier Dialekt gesprochen, Mandarin ist südlich des Yangtse eine Art dienstliche Fremdsprache. Nur die Schrift eint dieses Milliardenvolk. Kleine Zeichen mit dem Kugelschreiber auf den Fingernagel geschrieben oder die ungeduldige Bewegung eines Zeigefingers auf der Handfläche sind wirkungsvolle Hilfsmittel bei dieser ‚stummen' Verständigung.

Nach einem kurzen Blick ins ‚China Reise-Kauderwelsch' reduziert Karl den Satz auf „piao" (mit abfallendem Ton) und „Shanghai" und fügt die Zugklasse hinzu: „Ying zuo!" – die harte Sitzklasse. Bis Shanghai sind es nur 305 Kilometer.

Südlich vom Yangtse wird es (jetzt im Frühling) nicht nur wärmer, auch das Bild der Stadtlandschaften ändert sich überraschend. Die Straßen sind nicht mehr schachbrettartig in Nord-Süd-Richtung angelegt wie nach Pekinger Vorbild, sondern sie bilden ein unüberschaubares Gewirr von Gassen.

Im Norden folgte das Stadtbild der schematischen kosmologischen Vorstellung, die Erde sei quadratisch, die Stadt ihr Ebenbild. Hier im Süden folgt sie mehr den Formen der Natur, dem Rücken des Drachen und der taoistischen Form des *Fung Shui*, der Lehre von ‚Wind und Wasser'. Die Dörfer folgen extrem schnell aufeinander – wir durchfahren Chinas dichtbesiedeltste Landschaft.

belagerte Fahrkartenschalter im Hauptbahnhof von Nanjing

Shanghai

16. April – 3 Uhr. Nächtliche Ankunft in Shanghai. Unvermittelt sind wir wieder einmal aus dem Bahnhof ausgespuckt worden. Diesmal nicht auf einen nächtlich leeren Vorplatz, sondern in eine Seitengasse, in der nur vereinzelte Taxen auf Gäste warten.

Nicht nur im *Pujiang-Fandian*, auch im benachbarten Luxushotel ‚Shanghai Mansion' hat der Nachtportier schon längst seinen Standort gegen eine Holzpritsche vertauscht. Ins Pujiang läßt uns der Pförtner, den wir gleich hinter der Tür schnarchen hören, erst nach beharrlichem Klingeln und Klopfen herein. Schlafsaalplätze sind noch frei – nach Geschlechtern getrennt.

Tiefschlaf. Bis fünf Uhr früh. Wie vom Blitz getroffen sitze ich senkrecht im Bett: die Schiffssirene eines Ozeanriesen. Der *Huangpu* liegt in Rufweite des Hotels, die Hafenstadt Shanghai läßt grüßen – mit 13 Millionen Einwohnern Chinas heimliche Hauptstadt. Eine erstaunlich europäische Stadt (mit fast 6 Millionen registrierten Fahrrädern). Shanghai ist führend in der Produktion, im Konsumangebot, im Kulturangebot, in der Mode. Sie ist nach wie vor ‚Mode-Laufsteg' der Nation, hier werden die chinesischen Trends geboren.

morgendlicher Klönschnack bei grünem Tee

6 Uhr morgens. Es wird noch zwei Stunden dauern, bis die Morgensonne die Dunstglocke über Shanghai durchstoßen hat. In Shanghais Altstadt, zwischen den Baumreihen zum benachbarten Yuyuan-Garten, leitet eine chinesische Jane Fonda fortgeschrittenen Alters eine Gruppe von etwa 50 Senioren im chinesischen Fitneßsport an: Taijiquan, das Schattenboxen, gilt in China als Rentnersport.

Schemenhaft, in meditativer, schweißloser Muskelarbeit, bewegen sich die Alten im Zeitlupentempo nach vorgeschriebenen Mustern: Der ‚Kranichstellung' folgt ‚Fange des Pfauen Schwanz' und ‚Rückkehr mit dem Tiger ins Gebirge'. Wunderschön wie ihre Namen sind die Bewegungen.

Die Altstadt und das *Huxingting*-Teehaus (‚Pavillon im Herzen des Teiches') haben uns besonders angezogen. Kaum fünfzig Meter entfernt, inmitten eines Teiches, nur über eine Zickzack-Brücke zu erreichen, liegt das Teehaus – eines der wenigen, das die Wirren der Zeit überlebt hat. Böse Geister, so glaubten und glauben noch viele Chinesen, können nicht über Eck gehen. Ursprünglich führte einmal eine Holzbrücke hinüber zum Teehaus – aber einerlei, ob über Beton oder Holz – die Dämonen können uns nicht folgen.

Das Huxingting-Teehaus ist von 5 Uhr bis 16 Uhr geöffnet – Chinesen sind Frühaufsteher. Im Erdgeschoß sitzen die Stammgäste für 40 Fen. Oben die ‚Trendies', ein paar Gelegenheitsgäste und nachmittags auch ein paar Touristen – für stolze 2 Yuan. Die Kürbiskerne, deren Schalen den Boden schon um 7 Uhr bedecken, muß man selbst mitbringen.

Im Preis inbegriffen ist der Tee. Im Erdgeschoß ist es einfacher Grüner, im Obergeschoß Auslese. Gegen einen blaßgelben Kassenbon schüttet der Kellner den Inhalt

Morgenstimmung im Huxingting-Teehaus, Shanghai

eines Aluminiummeßbechers ‚Long Ching'-Tee in eine braune, tönerne Teekanne und füllt mit brühheißem Wasser auf. Das tut er mit Vorliebe (um die hohe Kunst des Wassergießens zu demonstrieren) von der gegenüberliegenden Seite des Tisches aus.

In der Hitze des Wassers (das ausnahmsweise einmal nicht nach Chlor schmeckt) entfalten die gerollten Teeblätter nicht nur ihr Aroma, sondern auch sich selbst zu ungeahnter Frische, werden fast so grün wie ein dreiblättriges Kleeblatt, dessen Form der Grundriß des Teehauses nachempfunden ist. Relativ offen, und doch geschickt getarnt, befindet sich hinter einer chinesischen Wand im Obergeschoß ein Stehklo – für Männer.

An Frauen ist nicht gedacht. Teehäuser waren immer schon eine Domäne der Männer. Frauen sind zwar keine Ausnahmen mehr, aber sie müssen noch außer Haus, wenn der Long Ching auf die Blase drückt.

Umgeben ist das Teehaus von Kaufarkaden, die sich vor allem auf Kunst, auf Antikes und Kitsch spezialisiert haben. Hier kaufen wir unsere chinesischen Pinsel, einen Stempel und zwei wunderbare tönerne Teekannen. Chinesische Käufer schlendern hingegen wenig kauflustig an den gläsernen Tresen mit für uns ‚geschmackvollem' Tongeschirr entlang. Nur an einer Ecke dieses Ladens bildet sich eine Schlange. Verkauft werden Aschenbecher. Keine chinesischen, sondern solche, die tausendfach auch in deutschen Kneipen herumstehen, ‚Marlboro' steht rot und fett darauf.

Auf der Suche nach ihrem privaten Glück stürzen sich die Chinesen auf die Glasperlen unserer Kultur, die Klunker unserer Industriegesellschaft: Walkman, Bluejeans, Sonnenbrille, Aschenbecher. Sie wirken hier in China (ebenso wie in anderen, ‚unterentwickelten' Ländern der Dritten Welt) wie

Verkehrspolizist vor dem Hauptbahnhof von Shanghai

Zeitbomben. Sie blenden. Hineingeworfen in gewachsene Strukturen, zerstören sie mehr als sie neue Werte schaffen. Bleibt die Frage, ob wir uns in den Augen der Chinesen nicht auch auf ihre billigen Klunker werfen.

Seit die Engländer den Chinesen Shanghai nach dem Opiumkrieg abgepreßt hatten, entwickelte sich die Hafenstadt innerhalb von Jahrzehnten zum größten Handelsplatz Ostasiens. ‚Paris des Ostens' nannte die Welt Shanghai in den 30er Jahren. Unser Pujiang-Hotel war damals als ‚Astor House Hotel' im Verzeichnis der Edelherbergen eingetragen. Heute ist die alte Art deco-Herberge ein Treff der Globetrotter-Szene, das einzige Hotel im Zentrum, das Ausländern Schlafsaalbetten (15 Yuan) anbietet.

Auf das Hotelfrühstück im Pujiang verzichten wir, denn schon seit Tagen schwärmt Karl vom *Café De da* in Shanghais Frühstücksgasse. Aber statt cremigem Eiskaffee im Café ‚Großes Deutschland', einem Relikt aus der Zeit der Kanonenbootpolitik (‚groß' gemeint im Sinne von ‚großartig') blicken wir auf eine Baustelle: Wegen Renovierung geschlossen.

Die unvollendeten Dekorationsarbeiten im *De da* lassen den Weg der neuen Gastronomie erahnen: zur chinesischen Variante eines McDonalds. Das benachbarte Caféhaus *Dong diao* ist leider nicht annähernd so stilvoll wie das alte ‚De da', aber auch hier essen die Anfänge einer chinesischen Playboy-Generation ihre Sahnetorte mit Stäbchen.

Herr Wang kannte Karls Heimatort in der Eifel

Schräg gegenüber im Peace-Hotel – einst Verwaltungsgebäude des jüdischen Sassoon-Imperiums – spielt allabendlich die ‚Peace-Band'. Allerdings keine Arbeiterlieder. Sechs Musiker, deren Gesamtalter 390 Jahre überschreiten soll, mit schwarzen, nach hinten gekämmten Pomadenhaaren. Der Bassist kommt mir gar wie eine Imitation von Noel Coward vor. Die coolen Altprofis bieten Hits aus den 30er Jahren – mit Benny Goodman, den Andrew Sisters, Scott Joplin bringt die Rentnerband deutsche Punker, japanische Geschäfsleute im Nadelstreifenanzug, amerikanische Großmütter, ja selbst Hannoveraner ins Swingen und Schwitzen.

Zurück zum Bahnhof, der uns bei unserer nächtlichen Ankunft kaum aufgefallen war, denn wir hatten ihn ja durch einen Hinterausgang verlassen. Auch bei Tageslicht betrachtet wirkt seine Fassade unscheinbar.

„Where do you come from?" Eine häufig gestellte und beantwortete Frage im Reich der Mitte. Der Chinese mit freundlichem Gesicht möchte die Zeit des Wartens für ein Schwätzchen mit einem ausländischen ‚Sprachlabor' nutzen. Ja – Deutschland ist schön! 1982 hatte er als Manager einer Maschinenfabrik die Bundesrepublik besucht, um Werkzeugmaschinen einzukaufen. „Eigentlich kenne ich nur Frankfurt und einen kleinen Ort in der Nähe." Mit ‚Nähe' meint er die Eifel, das Städtchen heißt Daun – Karls Geburts- und Heimatort mit kaum mehr als 6000 Einwohnern. Irgendwie ist die Welt wieder einmal sehr klein geworden.

Plötzlich und mit unerwarteter Wucht ergießen sich schwerbeladene Menschenmassen durch das geöffnete Tor von Wartehalle Nr. 2 hinaus auf den Bahnsteig. Wir finden gerade noch die Zeit, Adressen auszutauschen, schon schiebt uns die Menge der Bepackten hinweg. Vor den 3.-Klasse-Wag-

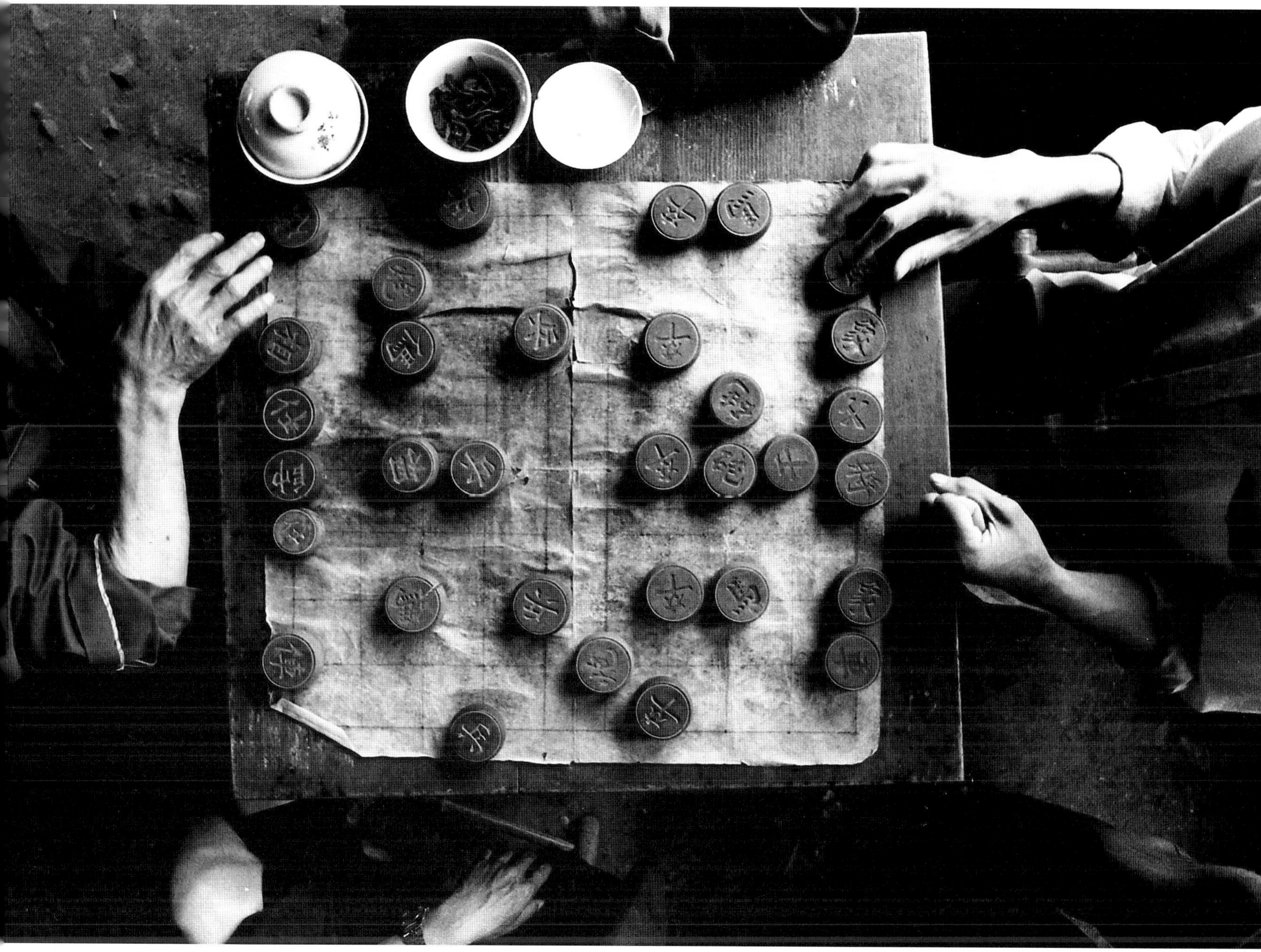

beim chinesischen Schach spielt Rot gegen Schwarz

der Erste-Klasse-Speisewagen ist den meisten Chinesen zu teuer gons geht es hektisch zu, hier entscheidet nur Schnelligkeit über die Sitzverteilung.

Diesmal beunruhigt uns das chaotische Gedränge nicht. Vor Wagen 6 der *Yingwo*-Klasse erwartet uns eine zierliche Kantonesin in hellgrauer Uniform. Die Platzkarten wandern im Austausch gegen schmale, numerierte, in Plastik eingegossene Aluminiumscheiben in eine Mappe. Ordnung muß sein. Die Vorderseite der Scheibe verrät unser Heim für die nächsten 36 Stunden: Reihe 10, oberste und mittlere Pritsche. Die Rückseite wirbt für chinesischen Reisschnaps. 108 Yuan (DM 54) pro Liegeplatz kosten die 1811 Kilometer bis Guangzhou, Kanton.

Schaffner nach Kanton

Expreß Nr. 49

21. April – *Expreß 49* startet um 10.05 Uhr mit zehn Minuten Verspätung. Nach wenigen Kilometern durchfahren wir schon die Baustelle des zukünftigen Shanghaier Bahnhofs. Die Ziegelsteinblöcke von Shanghais Trabantenstädten mit ihrem vorgelagerten Filigranwerk aus überladenen Balkons, Bauholz, Körben, schwarzen Woks und Vogelbauern fliegen vorbei.

Bald sind die Blocks von kleinen Gärten umgeben. Nun reichen die Fischteiche und gepflügten Äcker unmittelbar bis zur Haustür. Später folgen doppelstöckige Bauernhäuser und auch private Gewächshäuser aus Plastikfolie über Bambusbögen, Reisfelder, frisches Grün der Setzlinge. Auf grob asphaltierten Straßen lange Schlangen von Lkws und Fahrrädern, die oft nur durch einen über die Straße gespannten Strick vor uns gewarnt werden.

Unsere Abteilgenossen sind zwei schweigsame Arbeiter in Maojacken und der Direktor einer kleinen Fabrik, ein Kader. Er trägt eine schwarze Hose, schwarze Lederschuhe der besseren Sorte, gehäkelte Perlonsocken mit Diamantmuster, weißes Hemd, Wollweste und anfangs noch eine rot-weiß gestreifte Krawatte. Seine Armbanduhr aus rostfreiem Stahl der Marke ‚Lotusblüte' umschließt kräftige Gelenke. Seine Hände haben einmal körperliche Arbeit gekannt, aber der lange Fingernagel am kleinen Finger verrät den Aufstieg aus der Klasse der Arbeiter in die der unteren Bürokratie. Ein Kader wie aus dem Bilderbuch, mit grauem kurzen Stoppelhaarschnitt, einem sehr schön geschnittenen Gesicht und nettem Lachen – wenn er lacht.

Nach einem Gläschen feinstem chinesischem Brandy (den er in einer schwarzen Plastiktasche aufbewahrt und nicht mit den Mitreisenden teilt) beginnt er sein Mittagessen mit einem weichgekochten Schweinsfuß. Eine halbe Stunde zerrt, schmatzt und lutscht er mit leicht abgewinkelten Armen genüßlich und geistesabwesend an dieser Delikatesse herum. Schließlich präsentiert er einen fein säuberlich abgenagten, selbst von den Sehnen gereinigten Fußknochen, der, nach einer abschließenden mikroskopischen Inspektion, aus dem Fenster wandert.

Um 12.30 Uhr halten wir in Hangzhou. ‚Im Himmel, da wartet das Paradies, auf Erden Souzhou und Hangzhou!' lautet ein chinesisches Sprichwort. Vom Bahnsteig sieht dieses ‚Paradies auf Erden' so aus, wie

Mappe der Schaffnerin

zahllose chinesische Städte: grau und konturenlos. Die Flitterwöchner streben den Ausgängen zu, die Reisenden umlagern die fahrbaren blau-weißen Verkaufsstände, an denen Eiskrem, Hühnerfleisch, Gebäck, Limonade und Flaschenbier angeboten werden.

Heißes Wasser gibt es umsonst aus den gewaltigen, mit Drachen und Blumenranken bemalten Thermoskannen, die unter dem Fensterbrett der Schlafnischen von einem Metallbügel gehalten werden. Sie werden in regelmäßigen Abständen vom Küchenpersonal aufgefüllt. Während wir Teebeutel aus unseren Beständen in Emaillebecher tauchen, bröseln unsere Nachbarn ihre Mischung aus Blechdosen oder auch Papier- und Plastiktütchen in das heiße Wasser ihrer Deckeltassen. Beliebt sind auch Marmeladengläser mit Schraubverschluß.

Der Speisewagenkellner verkauft Tickets für das Mittagessen. Wir haben die Wahl zwischen vier teuren Menüs im Zugrestaurant und dem 2-Yuan-Essen von den fahrbaren Trollies: in der Regel ein paar Streifen fettes Fleisch oder mitsamt seiner Knochen kleingehacktes Huhn, ein Hauch von Gemüse und reichlich Reis.

Seit kurzem wird das Standardessen statt im bislang üblichen Blechnapf in Styroporbehältern und mit Wegwerfstäbchen serviert, manchmal werden sogar (in unserem Fall aus Kanada importierte) Plastiklöffel mitgeliefert. Stäbchen sind ‚out'.

Kaum ist der letzte Biß hinuntergeschlungen, folgen die Styroporteller den Bierdosen und Flaschen mit gezieltem Wurf hinaus auf den Bahndamm und sammeln sich (wenn sie nicht durch den Fahrtwind den Weg zurück in irgendein Abteil finden) in windgeschützten Ecken zu großen Kehrichthaufen.

Der Wind trägt sie weit in die Felder. Reis, Raps und violette Blütenstauden. Die chinesischen Bauern sind erstaunlich praktisch geblieben. Sie machen aus der Not eine Tugend, sammeln die Verpackungen und stülpen sie (mit einem dünnen Ästchen in den Boden gespießt) zum Schutz gegen Vögel über die jungen Keimlinge.

Zwischen uns und dem Speisewagen liegt nur ein Schlafwagen der 1. Klasse, in dem ein paar ältere Offiziere dösen, aber auch ein paar Exemplare der jungen Unternehmerklasse sich die endlosen Stunden mit Bier und Karten verkürzen. Spitzendeckchen, Lampen mit Plastikschirm und eine Topfpflanze sind die herausragenden Utensilien dieser Vierbettabteile.

12.30 Uhr – Trotz der halboffenen Fenster herrscht im überfüllten Speisewagen stickige Schwüle. Über dem Eingang hängt eines dieser dreidimensionalen Landschaftsreliefs aus

noch tragen wir unsere Jacken und Pullover

Perlmutt und Plastik, die auch jeden chinesischen Wartesaal 1. Klasse schmücken. Irgendwie passen sie sogar zu den orangefarbenen, bettüberzugähnlichen Tischdecken, die mit einer dicken, durchsichtigen Plastikdecke vor den chinesischen Eßgewohnheiten geschützt sind.

Es gibt die Wahl zwischen vier Gerichten, die handgeschrieben auf einem etwa DIN-A4-großen Stück Packpapier in Kopfhöhe gleich neben dem Tresen angezeigt werden. Nur die Preise von jeweils 3, 4, 6 oder 7 Yuan können wir entziffern, nicht das Gericht. Wir bleiben in der Mitte, wählen 6 und 4 Yuan und warten wie auf die ‚Wundertüte'. Hühnerleber süß-sauer mit einem spinatähnlichen Blattgemüse und in Streifen geschnittener Sojabohnenkäse mit Brokkoligemüse. Und natürlich Reis, *mifan* – er hat schon seit Nanjing die Nudeln verdrängt.

Häuser, Dörfer fliegen vorbei. Schmale Trampelpfade fassen geflutete Reisfelder ein. Wisteria-Bäume in voller Blüte. Bauern laufen auf einem Tretrad, pumpen wertvolles Wasser auf ihre frischgepflügten Felder. Karl fragt: „Hast du schon eine Kuh gesehen?" Rindviecher sind selten in China. Nur 11% seiner Fläche sind landwirtschaftlich nutzbar, und durch sie muß ein Viertel der Menschheit ernährt werden. Da bleibt kein Platz für flächenextensive Landwirtschaft und Milchkühe.

Dort! Die ersten Wasserbüffel! Bewacht von spielenden Kindern, suhlen sie sich im braunen Wasser der Dorfteiche und heben sich mit ihrer tiefschwarzen, glänzenden Haut silhouettenhaft gegen das Licht der Abendsonne ab. Auf benachbarten Reisfeldern ziehen sie den Holzpflug. Wasserbüffel – für mich sind sie Symbole der heißen, schwülen Regionen dieser Erde.

später wird es trotz Fahrtwind unerträglich heiß

Sehr plötzlich sind wir in die Tropen vorgedrungen. Schon in der schlaflosen Nacht wird es unerträglich schwül. Vor allem während der kurzen Stopps auf den Bahnhöfen. Bremsen kreischen, und mit den Lautsprecherdurchsagen und der plötzlichen Windstille dringen ungefragt die Gerüche Chinas in unser Abteil: heißes Fett und Sojasauce, gebratenes Fleisch und der strenge Geruch naher Latrinen.

Hier ist die erste Reisernte schon eingebracht. Die Landschaft ist nun gebirgiger, es gibt Reisterrassen, aber auch viel Buschland und Eukalyptusbäume, die mich sofort dazu verführen, mit meinen Träumen nach Australien zu fliegen. Die Erde ist immer noch fett und rot, Löß. Bambus neben Eukalyptus. Und in Flugweite von den Bahndämmen diese Pest der ‚Polypacks', in denen hier im Süden auch schon die Hühnerschenkel auf den Bahnsteigen verkauft werden.

Seit 30 Stunden sind wir nun unterwegs. Unsere Reise nach Süden ist auch eine Reise der Wandlungen, der Übergänge. Nach und nach haben wir uns aller unserer überflüssigen Häute entledigt. Selbst der Kader, der gestern noch mit Jacke, Wollweste und Krawatte eingestiegen war, hat sich heute morgen die Hemdsärmel hochgekrempelt. Aber noch behält er seine Schuhe an. Und jetzt, er liest seinen zweiten Roman – im Unterhemd, seine Hose hat er bis zum Knie hochgerollt (wie ein Engländer an der See).

Und die Männer tragen unter den Straßenhosen immer noch ihre nun verschwitzten rosa oder blauen langen Unterhosen. Allein der Anblick bringt mich zum Schwitzen. Ich glaube fast, sie tragen wärmere Unterwäsche als die Sibirjaken.

Die letzten Doppelfenster sind längst nach oben geschoben worden. Im geöffneten Zustand erinnern sie mich an eine Guillotine, denn die Arretierung trügt zuweilen, und ohne Warnung knallen die schweren Rahmen mit der Wucht ihres Gewichts nach unten.

Endlos schweift mein Blick über die vorbeifliegende Landschaft. Ich liebe diese langen Zugfahrten. Zwei Tage, eine Nacht im Zug, der einem zur Heimat wird. Jeder hat sein Bett, seine Ecke im rollenden Hotel. Schon nach ein paar Stunden bekannte, ja vertraute Gesichter. Was ist dagegen schon eine Fahrt mit dem IC Hannover–Frankfurt. Kaum ist man in Göttingen, wartet man schon aufs Ankommen. Hier gibt es kein Warten.

Nur die Handtücher (die ‚Klimaanlage' der Chinesen), mit denen sich ihre Besitzer in immer kürzeren Abständen über die Stirn (und unter den Achseln) wischen, um sie dann wieder feinsäuberlich in Reih und Glied über die dafür vorgesehene Eisenstange unterhalb der Gepäckgitter zu hängen, würde ich mir wegwünschen.

Guangzhou

Guangzhou, Kanton, die vorletzte Station unserer Reise ist erreicht – und zugleich tropische Temperaturen und Luftfeuchtigkeit. Meine Theorie war, daß wir wegen unserer langen Reise diese Temperaturschwankungen besser vertragen würden, als wenn wir nach einem 12-Stunden-Flug die Gangway hinunter auf den Wendekreis träten. Aber auch uns trifft das Klima wie ein Tiefschlag: Hitze und grelle Sonne, deren Helligkeit durch die weiße Dunstglocke wie in einem Spiegel bis zur Unerträglichkeit verstärkt wird, treibt uns zurück in die Bahnhofshalle, in der Hongkong und die ökonomische Sonderzone schon längst die Oberhand gewonnen haben. Das Bahnhofsrestaurant ist tapeziert mit Leuchtreklame und ‚lauten' Farbfotos von Hamburgern, Milk Drinks, Chicken Sandwiches, gebratenem Reis und Cola wie in einem Fastfood-Restaurant.

„100-jährige"

Messezeit. Eisenbahnfahrkarten nach Hongkong sind im CITS-Büro für die nächste Woche ausverkauft. Schnellboot- und Flugtickets sind zwar noch zu haben, aber für uns bleiben sie uninteressant. So kurz vor dem Ziel steigen wir nicht runter von der Schiene. Also hinein in die Schlange vor dem Fahrkartenschalter, die zur Abkühlung überhitzter Gemüter von riesigen schwenkbaren Ventilatoren angeblasen wird.

Wir kommen in einem überfüllten Schlafsaal von Chinas erstem *Youth Hostel* unter – ein viergeschossiges Billighotel auf der kleinen Insel Shamian, gleich gegenüber der modernsten Luxusherberge der Volksrepublik, dem Hotel *Weißer Schwan*. In der Jugendherberge kostet die Übernachtung gerade 8 Yuan/Bett (ca. 2 US-$), im ‚White Swan' sind es 180 US-$ für das Doppelbett.

24. April. Unser letztes Essen im Reich der Mitte ist (für die Temperaturen) zu üppig: ‚rotlackiertes' Schweinefleisch und ‚explosive' Krabben. Ersteres sind Fleischstreifen, die im Wechsel mariniert und gegrillt werden, bis sie ein rötliches, lackähnliches Äußeres haben. Die Krabben werden für Sekunden in extrem heißem Fett fritiert und mit im Wok kurz gegarten Gemüsen und natürlich Reis serviert.

Die Zeit drängt, unser letzter Zug ist uns noch nicht sicher. Eben hat Karl noch eine seiner ‚Als-ich-in-Tokyo-in-den-falschen-Zug-zum-Flughafen-stieg'-Geschichten erzählt, nun hasten wir hinüber zum Hintereingang des ‚Weißen Schwan', um durch seine klimatisierten Hallen hindurch den Taxenstand des Haupteingangs zu erreichen.

Bis zur Abfahrt unseres Zuges um 14.48 Uhr bleiben uns noch 35 Minuten – 35 Minuten sind wenig in einer Stadt, deren Straßenverkehr sich wegen endloser Baustellen im Zustand der permanenten Lähmung befindet. Aber der Fahrer ist ein Genie. Er wendet, windet sich durch das Gewühl, weicht aus, drängelt sich durch Gassen und 14.42 Uhr ist der Vorplatz erreicht.

Nur seine Einschätzung, wir seien Reisende der 1. Klasse wirft – 6 Minuten vor Abfahrt – unvorhersehbare Hindernisse auf. Denn die Kontrolleure verweigern uns den Zutritt durch die Pforte der weichsitzenden Klasse. Zurück in die Haupthalle, wir stolpern über Tragetaschen, Körbe und Sony-Farbfernseherkartons, hetzen die Rolltreppe hinauf. 85% Luftfeuchtigkeit, 38 Grad Celsius. Nicht zum Aushalten! Welcher Bahnsteig war das noch? Noch 60 Sekunden.

die grelle Neonwelt von Tsim Sha Tsui spiegelt sich auf einem Benz

Züge nach Hongkong sind pünktlich. In der Hetze vertausendfacht sich unsere Sprachlosigkeit bis zur schmerzhaften Unerträglichkeit. Selbst um den Preis einer gewonnenen Wette möchte ich diesen Zug nicht verpassen.

Am Bahnsteig 1 scheint niemand mehr mit unserer Ankunft zu rechnen. „Ting! Ting!" (Stop) ruft der chinesische Zugführer in Kantonesisch. Ein gehetzter Sprung in den Zug. Geschafft, aber das gebügelte Blütenweiß unserer neuen Baumwollhemden ist längst ruiniert.

Auch in Waggon 9 des neuen, klimatisierten Zuges rechnet niemand mehr mit uns. Sitz 13 und 14 sind von drei kleinen Jungs mit kurzen schwarzen, igelartig abstehenden Haaren belegt. Ihre Köpfe nicken schon im Schlaf, einer nach dem anderen, wie die Köpfe der Stofftiere auf der Rückablage italienischer Familienautos.

Wir beide haben mit Abstand das größte Gepäck. Genau besehen, führen unsere Mitreisenden außer kleinen Taschengürteln oder einer abgegriffenen Plastiktüte, die selbst in einem südchinesischen Dorf keine Liebhaber mehr gefunden hat, nichts mit. Nach einem anstrengenden Familienwochenende sind die Gastgeschenke, die Farbfernseher, die automatischen Reiskocher und Pocketkameras, ohne die sich kein Hongkong-Chinese mehr zu den Verwandten im Mutterland wagt; ja selbst die blau-weiß-roten Tragetaschen im Reich der Mitte zurückgeblieben. Nur den eigenen Walkman, die Zahnbürste und ein paar verschwitzte T-Shirts nehmen sie mit zurück über die Grenze ins Konsumparadies Hongkong (*Duftender Hafen*).

Der Vater der drei Söhne trägt Shorts, hat aber sein linkes Knie mit einem gepunkteten Halstuch umwickelt, das andere mit einer Plastiktüte. Vielleicht schämt er sich seiner eckigen Knie, vielleicht aber hat er auch nur zu wenig Taschen. Als könnte er mein Tagebuch lesen, entknotet er nun seine Knieschützer und verschwindet auf der Toilette.

An den Singsang der Kantonesen, dieses Auf und Ab und langgezogene Hochschwingen der Stimme, wie der Gesang eines exotischen Vogels, haben wir uns schon gewöhnt. Nicht der Menschentyp, der Gesichtsausdruck, sondern vor allem, was sie tragen, erregt fraglos meine Aufmerksamkeit: schreiend bunte Hosen und Shirts (designed für gelangweilte hyper-aktive Kinder) mit allen erdenklichen Popsymbolen, aufgedruckter Werbung und Aufnähern.

Die ältere Generation ist noch so gekleidet wie sie es immer war, bis auf die Schuhe. Viele der älteren Frauen tragen, wie ihre Landsfrauen in Shanghai oder Guangzhou, einfach geschnittene unifarbige Hosenanzüge, die synthetisch aussehen. Aber fast alle tragen sie Joggingschuhe.

Hochhäuser, dichter Autoverkehr, Plakatwände und Neonreklame, Werbung zuhauf. Wir durchfahren Shenzhen, eine der vier florierenden kapitalistischen Versuchsinseln der VR China.

Dann ist auch schon *Lo Wu* erreicht, die Grenzstation, 34 Kilometer von Hongkong Island, 17.310 Bahnkilometer von Lissabon entfernt. Sieben Zeitzonen haben wir durchfahren. Drei Spurwechsel, fünf Visa und 19 Paß- und Gepäckkontrollen waren nötig, um diese Konsummetropole Asiens auf der Schiene zu erreichen. Zum Preis von 7,78 Pfennig pro Kilometer.

Hongkong

Die Grenze zwischen Hongkong und Chinas kapitalistischer Sonderzone Shenzhen, die in 10 Jahren verschwinden könnte (aber nicht verschwinden wird), ähnelt ein wenig der deutsch-deutschen. Mit dem Unterschied, daß hier Republikflüchtlinge nicht am Verlassen ihres Mutterlandes, sondern *Illegal Immigrants* (*II*) von Gurkhas, den Grenzwächtern der ‚Kronkolonie', am Betreten des kapitalistischen Einkaufsparadieses gehindert werden. Allerdings ohne Minengürtel und Selbstschußanlagen.

Die zweigleisige und überdachte Brücke von Lo Wu über den kleinen Grenzfluß *Sham Chun* ist seit kurzem durch ein modernes Terminal ersetzt und die Zeiten, als alle Reisenden zu Fuß über die Schienen dieser legendären Eisenbrücke hinüber nach Hongkong gehen mußten, sind Vergangenheit. Der internationale Express (nur ‚Soft Seat') hätte uns sogar ohne Halt unmittelbar bis zu Hongkongs neuem Terminal *Hung Hom* in Tsim Sha Tsui gebracht, als Reisende zweiter Klasse müssen wir in Lo Wu jedoch umsteigen.

Mehr als eintausend Chinesen verteilen sich auf die lange Reihe von Abfertigungsschaltern (wie auf einem Airport nach dem Ausrollen eines Jumbo). Ein Visum ist nicht erforderlich, ein Blick auf die Namensliste

des Computerausdrucks genügt. Und draußen auf dem Bahnsteig wartet schon ein Gliederzug der KCR, der *Kowloon-Canton Railway Corporation*. Die Fahrkarten mit Magnetstreifen kommen aus dem Automaten – 14,50 HK-Dollar (knapp 3 DM).

Grünes Buschland, steile Abhänge, Dörfer, Äcker, Stauseen und Fischteiche. Die *New Territories*, jenes Land, dessen Pacht die Briten von 1898 bis 1997 erzwungen hatten, sind die ‚grüne Lunge', lebenswichtiges Hinterland Hongkongs, ohne das diese *Stadt der Vertikalen* nicht lebensfähig wäre. Dann bei Tai Po (einst beschauliches Fischerdorf, heute rasch wachsende ‚New Town') stoßen wir in der Tolo-Bucht zum ersten Mal wieder auf das Meer. Die Gleise schlängeln sich entlang einer felsigen Küste und überall verkünden schon vereinzelte, fast bizarre Hochhausstrünke die baldige Ankunft.

Hinter Sha Tin, Hongkongs neuer ‚Glücksmaschine' (Pferderennbahn), verschwinden wir unversehens in einem Tunnel, der uns ebenso plötzlich in eine noch ungewohnte Hochhauswelt entläßt. Dann sind wir schon wieder unter der Erde, U-Bahnstationen, Umsteigen in *Tong*. Hier berühren sich die KCR und die Hongkonger Metro. Die letzten 30 Kilometer unserer halben Weltreise auf der Schiene enden also nicht standesgemäß auf dem Terminal, sondern auf einer MTR-Station in Mongkok.

Hongkongs neuer ‚Hauptbahnhof' *Hung Hom* ist ohnehin nur ein schaler Ersatz für den 1916 erbauten *Kowloon Canton Railway Terminus*, gleich neben der *Star Ferry*, der Fähre hinüber zur Insel *Victoria*. 1975 wurde die alte Bahnhofspracht abgerissen. Nur den *Clock Tower* hat man stehen lassen – nostalgisches Reststück aus einer Zeit, als die Kronkolonie noch per Schiff und über das Eisenbahnnetz via Transsib an Europa angenabelt war.

1891 hatte der Zar mit dem Bau der Transsib begonnen und auch die Schienenverbindung nach London blieb keine Utopie mehr. 1898, schon ein Jahr nach dem Abschluß des 99jährigen ‚Pachtvertrags' begannen die Verhandlungen über eine Eisenbahnanbindung dieses einst notorischen Piratenverstecks, das der englische Außenminister Lord Palmerston noch 1842 (als die Insel ‚auf ewige Zeiten' an das Empire ‚fiel') als „einen kahlen, schweißtreibenden Felsen…" diffamiert hatte.

Diese Eisenbahnverbindung (ursprünglich über die Mandschurei) war allerdings immer wieder unterbrochen (zuletzt während der chinesischen Kulturrevolution). Erst seit 1979 existiert wieder eine direkte Verbindung nach Shanghai und von dort über Peking via Transsib nach Europa. Aber die fast im Minutenabstand auf dem Flughafen *Kai Tak* landenden Jets haben dem neuen Bahnhof längst die Schau gestohlen, ihn deklassiert und aus dem Blickfeld der Touristen verdrängt.

In *Central* Umsteigen in Richtung Chai Wan. Die Rolltreppen der neuen U-Bahnstation Wanchai katapultieren uns unmittelbar in die Gassen dieses ehemaligen ‚St. Pauli' Hongkongs. Obwohl kaum mehr als 40 Jahre alt, gilt der Stadtteil mit seinen verwitterten sechsgeschossigen Wohnhäusern als die Altstadt Hongkongs. In nur drei Minuten erreichen wir – nur ein paar Schritte über die Johnston Road, zwischen den trödelnden altertümlichen Trambahnen hindurch, die Tai Yuen Straße. Hier, im Schatten des Hopewell Centers, Hongkongs (noch) größtem Betonstalagmiten, hatte Karl während seiner Weltreise fast ein halbes Jahr gelebt.

Nur zehn Minuten von *Central* entfernt, herrscht in der Tai Yuen Street Kleinstadtatmosphäre. In der kaum mehr als sechs Meter breiten und 200 Meter langen Gasse, in die der Lieferverkehr nur schrittweise einzudringen vermag, leben auch so viele Menschen wie in einer Kleinstadt. Vorbei an den Aquarien des Goldfischverkäufers (Goldfische sind Glücksbringer in China), vorbei am Nudelladen, an der Schlosserei, der Polyklinik, dem Fischladen, der Druckerei, zwei Restaurants, über den Markt, grüßend vorbei an (für Karl bekannten) Gesichtern.

Im 5. Geschoß der Tai Yuen Gasse Nr. 40 leben unsere chinesischen Freunde: Tong und Linda (er Redakteur, sie Graphikdesignerin), verheiratet mit ‚Kind in spe' (Geburt im Jahr des mächtigen Drachens). Sie wohnen in einer Drei-Zimmer-Wohnung, besser gesagt, in einer Wohnung mit drei kaum 6 qm großen Räumen und einer Küche von der Größe eines deutschen Zierbalkons. Aber genau besehen, sind sie privilegiert. In den Nachbarwohnungen leben auf gleichem Raum etwa 10 bis 12 Personen.

Untermieter Mr. Au fühlt sich in seinem $4\,m^2$-Raum nur mit TV wohl

Mit Tong und Linda lebt nur Mr. Au, der schon Untermieter war, als Tongs Eltern noch nicht in die USA ausgewandert waren. Mr. Au ist einfach Teil dieser Wohnung, von der er wiederum nur einen winzigen, fensterlosen Raum von fünf Quadratmetern bewohnt. Seine ‚Fenster' sind eine Fototapete mit tropischem Palmenstrand und der Fernseher, der ununterbrochen läuft und dessen Funktion an den Stromkreis des Lichtschalters gekoppelt ist – ein von Mr. Au gewollter Teufelskreis. Auch sein Bett (es gibt allerdings kaum eine Alternative) steht unmittelbar unter der Glotze.

Für Gardinen ist in diesen Wohnungen kein Platz mehr – ohnehin wird die Sicht meist durch trocknende Wäsche blockiert. Wenn wir nun nachts unser Licht löschen und unschuldig, aber neugierig durch die (frische) Wäsche fremder Leute in die gegenüberliegenden, kaum sechs Meter entfernten Wohnungen, eindringen, begegnet uns eine andere, überfüllte Welt. Dann nimmt auch der Geräuschpegel Gestalt an.

Die Oma rupft das Huhn, Mutter schneidet auf dem Wohnzimmertisch Gemüse, die erwachsenen Söhne bereiten sich mit Lockenwicklern auf ihren Discoabend vor. Großmutter, der Onkel dritten Grades und die Enkelkinder schlafen im Wohnzimmer – Aufstehen und Schlafengehen muß gemeinsam geschehen. In Wohnungen, in denen der Tagesrhythmus nur mit Klappstühlen zu bewältigen ist, hat Individualität keine Chance.

30. Juni 1997 liest sich für viele das Verfallsdatum dieser Stadt: „Best use before 1997!" Von Panik kann zwar noch keine Rede sein, aber nach dem Sturz des Liberalen Hu Yaobang in Peking sind die Schlangen vor den Konsulaten Hongkongs länger geworden. Vor allem der akademische Mittelstand ist in den Startblöcken nach Übersee. Auch die Pässe unserer Freunde stapeln sich unter den 35.000 anderen, 1987 abgegebenen Paßanträgen, in der amerikanischen Botschaft. Tong und Linda planen, für ein, zwei Jahre in die Staaten zu gehen, um dann mit neuer Staatsbürgerschaft sofort in diesen brodelnden Hexenkessel zurückkehren. Die Pässe sind nur der *fire exit*, die Rettungsweste, falls die ‚Titanic' einmal abdriften sollte.

Als Tourist spürt man nichts von dieser wachsenden Panik. Die bange Frage: *Goldene Gans oder Suppenhuhn des Drachen?* wird vom Baulärm betäubt, Baukräne beherrschen die Silhouette. Hongkong scheint auch 1987 zu boomen. Architektur bleibt jedoch meist auf Betonhochstapelei mit modischem Schnickschnack, Marmor, Messing und Goldverspiegelung beschränkt. Ausnahmen sind ein paar Firmendenkmäler, allen voran der High-Tech-Tempel der *Hongkong & Shanghai Banking Corporation*. Diese faszinierende 52geschossige *Geldmaschine* aus Glas, Kunststoff und Stahl (sie schmückt auch Hongkongs Geldscheine) ist Prototyp einer neuen Hochhausgeneration und mit 2 Milliarden DM Baukosten das teuerste Büro-Gebäude der Welt.

Kaum zweihundert Meter entfernt verkündet eine Armee von funkenversprühenden Schweißern einer Großbaustelle neue Gigantomanie. Hier, genau auf einer der ‚glückbringendsten' *Drachenadern* der Insel, baut die kommunistische *Bank of China* ihr

Blick durch die Hochhausschluchten Wanchais

Headquarter und demonstriert werbewirksam (für viele allerdings auch beängstigend), wer bald Herr dieses ‚Duftenden Hafens' ist. 71 Stockwerke hoch soll das ‚Bambusrohr' des amerikachinesischen Stararchitekten J. P. Pei werden – das höchste Bürogebäude außerhalb der Vereinigten Staaten.

Unsere Wette geht an Karl. Auf unserer Bahnreise um die halbe Welt hätten wir fast drei Züge verpaßt, aber eben nur fast. Also Einladung in eines der schwimmenden Restaurants von Aberdeen – am Sonntagmorgen versteht sich: *Dim Sum*-Time. ‚Dim Sum' bedeutet ‚das Herz berühren'. Es ist weniger Horsd'oeuvre als eine endlose Aneinanderreihung köstlicher Naschereien, die zusammen jeden Hauptgang ersetzen (ähnlich den ‚Tapas' in Spanien): Krabben in Glasnudelteig, Garnelenbällchen, Lotusblätter mit Reis, Reismehlklößchen mit Garnelenfüllung – *Au yuk*, *Chai siu bau* und *Har gau*, oder was auch immer uns Tong und Linda nach einer groben Übersetzung von den Bauchläden der umhergehenden Kellner auf den Tisch stellen: es ist herz- und magenbewegend. 2000 Varianten soll es von diesem *Dim Sum* geben.

Die kantonesische Küche gilt nicht nur als die beste Chinas, viele halten sie für die beste der Welt. Tintenfische, Muscheln, Krebse, Aale, sicher auch Hund, einfach alles wird in den 30.000 kantonesischen Restaurants der Stadt angeboten. Nur jetzt im Mai kein Schlangenfleisch. Denn ‚Schlange' ist ein Wintergericht, wie bei uns Grünkohl mit Bregenwurst, auch wenn letzteres nicht so viel Hitze erzeugt, wie der Genuß einer Boa – das behauptet jedenfalls Tong.

getrocknete Fische sind eine Delikatesse

7 Uhr früh. *Wan Loi* Teehaus irgendwo in Mongkok. Vorbei an der Männertoilette und Körben voller schmutzigem Geschirr. Über nasse, rutschige, messinggeränderte Treppenstufen hinauf zum Obergeschoß, wo uns ohrenbetäubender Lärm empfängt: Vogelgezwitscher aus hunderten von teuren Kehlen, gepaart mit erregten Männerstimmen, denn hier wird auch gewettet.

Die einzige Frau außer mir, ist die gemütliche Küchenhilfe, die das Geschirr abräumt und mit energischen Bewegungen die Reste vom Tisch fegt. Der Tee kommt in weißen abgestoßenen Teekannen, deren Deckel mit einem Stück dicker Angelschnur befestigt ist. Zu jedem Tisch gehört auch ein metallener Spucknapf.

Während wir vom Bauchladen eines hageren Chinesen ein paar Dim-Sum-Delikatessen wählen, beobachte ich am Nachbartisch einen alten Chinesen, der einigen Heuschrekken (die ein Händler in einer Ecke verkauft) mit geübten Fingern die Beine abzupft, so daß sie seinen singenden Schätzen im Käfig nicht davonspringen können. „Seit meinem 15. Lebensjahr bringe ich meine Vögel allmorgendlich für eine Stunde hierher ins Teehaus. Hier singen sie am schönsten. Heute bin ich 80." Chinesen sind Vogelliebhaber. In der Enge Hongkongs sind Singvögel, Goldfische und Grillen ohnehin die einzig möglichen Haustiere.

Am mittleren Tisch fehlen Stühle und Teekannen: die Arena. Hier wird nicht nur gesungen, sondern auch gekämpft – und (illegal) gewettet. Kreideschrift auf einer schwarzen Tafel verkündet die Sieger des letzten Kampfes. Schwarz-weiß sind die Kämpfer gefiedert, die von ihren Besitzern in einen gemeinsamen Käfig gesperrt werden, um in einem Kampf auf Leben und Tod auch über Gewinn und Dollarverlust zu entscheiden. Fünf brutale Minuten. Hier geht es jedoch um geringe Beträge, verschwindend gegen die Summen, die Hongkongs Wirtschaft anheizen und überkochen lassen.

Wie kaum an einem anderen Ort ist Geld der Motor dieser Stadt. Anfang Mai ersteigert die Hang Seng Bank, deren Index wie eine Fieberkurve die Temperaturen Hongkongs anzeigt, für 840 Millionen HK-$ das teuerste Grundstück der ‚Kronkolonie' – für umgerechnet 137.000 DM pro Quadratmeter.

Passkontrolle. Nein – noch nicht der Rückflug nach Hause sondern Ausflug ins nahe Macau, 55 schnelle *Jetfoil*-Minuten entfernt. Zentrum der Katholisierung Asiens und Europas erster Stützpunkt in Asien, der nun als letzte europäische Bastion am 20.12.1999 (vier Tage vor Weihnachten) wieder an China zurückfallen wird.

Schon im turbinengetriebenen Tragflächenboot, kaum haben wir die unsichtbare Grenze hinüber in portugiesische Hoheitsgewässer überschritten, wird gerubbelt. Fingernägel und kantige Dollarstücke raspeln über die ersten Lose. Sind es Boten des Glücks? Wir sind die einzigen Touristen an Bord, die übrigen sind Spieler, einige von 3,5 Millionen Hongkong-Chinesen, die alljährlich nach Macau ‚jetten', um dort ihre Ersparnisse abzuliefern.

Smoking, Abendgarderobe sind *out* an den Spieltischen Macaus. Hier versucht Mr. Durchschnitt sein Glück, Arbeiter, Hausfrauen, Verkäuferinnen, Geschäftsleute, sie

Blick von Kowloon, Hochhaussilhouette Wanchais

alle drängeln sich im abgewetzten Anzug, ohne Schlips oder auch in Jeans, Turnschuhen, T-Shirts vor den Roulette- und Bakkarattischen des schwimmenden Kasinos oder dem ‚Tempel der zerbrochenen Träume', dem *Lisboa*, dem ‚Golden Nugget' Stanley Ho's, der seit 1962 nicht nur die Kasinos der Stadt beherrscht.

Verglichen mit den 6 Millionen Hongkongs wirkt Macau (500.000 Einwohner) eher wie eine Kleinstadt – mit 2% Portugiesen und ansonsten chinesischer Bevölkerung. Ein Kolonialstädtchen mit einer wunderbaren Mischung verspielter europäischer Kolonialarchitektur und chinesischer, drachenbeschützter Wohnhäuser in allen erdenklichen Stadien des Zerfalls, in das sich nun rücksichtslos die neuen Betonklötze der Spekulation hineinfressen.

Für uns schließt sich hier der geschichtliche Kreis unserer Reise. Wir folgen den Seiten des Reiseführers bis zur Grotte Luis de Camões, dessen Namen wir schon in Lissabon so häufig begegnet waren. Eine Liebesaffäre hatte den portugiesischen Haudegen und ‚Reiseschriftsteller' über Marokko, Goa, Malakka bis nach Macau verschlagen, wo er sich 1559 mit einer Stellung als ‚Verwalter herrenloser Erbschaften' über Wasser hielt, bevor er schließlich nach 17 Jahren in der Ferne wieder den Weg nach Portugal wagte, um dort seine *Lusiaden* zu schreiben.

Auch kulinarisch schließt sich der Kreis. Eine leichte Brise von der See unterstützt die altersschwachen Deckenventilatoren des *Bela Vista*-Hotels, ein innen angenehm zurückhaltend renovierter, außen von tropischer Schwüle zerfressener Hotelklassiker von bröckelnder Grandezza. Das schläfrige Flattern des Ventilators setzt auch den Takt der Kellner. Gibt es etwas schöneres, als in der Dämmerung auf der Terrasse des *Bela Vista* zu sitzen, mit einem trockenen Portwein, als Vorspeise eine heiße *Caldo Verde* mit einem Tropfen Öl als i-Punkt dann *Gambas al Ajilo* (Shrimps in Knoblauchsauce).

Der Blick schweift über Macaus ‚Nadelkissen der Geschmacklosigkeit' (das ‚Lisboa'), dann hinüber zu den staksigen Beinen der Brücke zur Insel Taipa. Das leise Tuckern der Motordschunken verkündet die Rückkehr der Fischer. Der *Vino Verde* zieht uns mit den Gedanken zurück in den Zug, dann nach Europa, zuerst nach Lissabon und schließlich zurück nach Deutschland.

Noch steckt uns der Rhythmus der Schiene im Blut – diese ständige Bewegung, dieses schrittweise Verstehen der Mitreisenden, diese ständig neuen Fragen beim Blick aus dem Fenster. 20.000 Eisenbahnkilometer. Eine Reise, die kein Urlaub war, aber zweifellos Abenteuer. Das *Dedemdemdedemdemde...* wird uns fehlen – aber wir haben auch genug davon.

Kai Tak Airport. Unser letzter Tag am Wendekreis des Krebses. Unser letzter Tag auch in tropischer Schwüle, keine Moskitos mehr. „All passengers to Bangkok and Frankfurt board gate 17 please!" Ein verregneter deutscher Sommer wartet auf uns – nur 15 Flugstunden, (ein paar Gläser ‚Gratis'-Beaujolais, zwei Hummerschwänze und Coq au vin) in 12 Kilometer Höhe entfernt. Aber welch ein Unterschied! ■

Mao als Souvenir in Hongkongs Antiquitätenläden

Straßenkehrer in einer vom Regen leergefegten Häuserschlucht Mongkoks

Literatur

Thomas Cook
Continental Timetable
Overseas Timetable
Zweimonatlich erscheinende Fahrpläne
unverzichtbar für internationale Bahnreisen

Geschichte der Luxuszüge
George Behrend
– Orell Füssli Verlag, Zürich 1977

Bahnhöfe
Manfred Hamm / Rolf Steinberg
– Nicolai-Verlag, Berlin

Portugal
Britta Weimar-Langer
ein Reise-Lesebuch
– Ellert & Richter

Portugal
Beate Schümann/Anton-Peter Müller
Ein politisches Wörterbuch
sehr fundierte, anschauliche Einführung
– Verlag VSA

Paris
Ursula von Kardorff
ausgezeichnete Einführung in die
Hauptstadt an der Seine
– Dumont – Richtig reisen

Baedekers Reisehandbücher
– Deutschland, 1925
– Rußland, Teheran und Peking, 1912/bzw. 1914
– Spanien und Portugal, 1912

Polen
Merian-Heft, Fotos Bruno Barbey
– Hoffmann und Campe Verlag

Moskau
Wolfgang Kuballa
– DuMont – Richtig reisen

Reisen mit der Transsib
Doris Knop
sehr detaillierter Reiseführer mit
Fahrplänen und Tips
– Doris-Knop-Verlag, Bremen

Mit der Transsib nach China, Japan und Hongkong
Robert Strauss
informativ und locker geschriebener
Reiseführer mit Streckenbeschreibung
– Conrad-Stein-Verlag, Kiel

Guide to the Great Sibirian Railway
Nachdruck eines Standardwerks aus dem Jahre 1900
David & Charles Reprint, London 1971

Von Moskau zum Japanischen Meer
Ralph Kühne
Impressionen einer Transsib-Reise
– Kühne-Verlag, Zürich 1981

Zaren, Popen, Bolschewiken
Asien gründlich verändert
China geheim
Egon Erwin Kisch
– Aufbau-Verlag Berlin 1977

China
Karl Grobe-Hagel
Ein politisches Reisebuch
– VSA-Verlag, Hamburg

Reisen in China
Doris Knop, Reiseführer
– Doris-Knop-Verlag, Bremen

China geheim
Egon Erwin Kisch
eine illustrierte literarische Reportage
– Verlag Simon & Magiera

Pekingmenschen
Zhang Xinxin, Sang Ye
ein Querschnitt von interviewartigen
Kurzportraits, als Einführung in
modernes chinesisches Denken sehr zu
empfehlen
– Eugen-Diederichs-Verlag, 1986

Gebrauchsanweisung für China
Uli Franz
unterhaltsam geschriebene Einführung
ins Reich der Mitte
– Piper

Peking – Shanghai
Hongkong – Kanton
Uli Franz
informativer, locker geschriebener Überblick
– Dumont – Richtig reisen

Fremder unter Chinesen
Tiziano Terzani
Reportagen des ehemaligen Pekinger
SPIEGEL-Korrespondenten
– Rowohlt, 1984

Maos stählerne Transportlinien
Joachim Petersen
Das Eisenbahnwesen der Volksrepublik China
– Rösler + Zimmer Verlag Augsburg

Fotografieren

Erstaunlicherweise erwies sich das spontane Fotografieren von Bahnhofslandschaften schwieriger als das Portraitieren unserer Zufallsbekanntschaften. Nur in der Bundesrepublik und der VR China war die Handhabung eines Fotoapparats in Bahnhöfen problemlos. In Spanien und Frankreich schien die Stativbenutzung in der öffentlichen Sphäre des Bahnhofs fast ‚waffenscheinpflichtig' und wurde nur nach Feststellung der Personalien geduldet. Und östlich von Berlin zählen Bahnhöfe und Gleisanlagen ohnehin zu den militärischen Anlagen, deren Ablichten generell ‚illegal' ist. Hier half weder freundliches Lachen noch ein Antrag auf Fotogenehmigung, nur das Herzklopfen des *Spions.*

Unbestätigten Gerüchten zufolge, soll Glasnost im Herbst 1987 nun auch die Bahnhöfe der Transsib erreicht haben. Zu spät für uns, denn wir reisten (da wir dieses Verbot trotz guter Absichten immer wieder übertreten mußten) bis zur chinesischen Grenze mit dem Gefühl der Angst, als ‚Spion' oder ‚Korrespondent' Ausrüstung und Filme zu verlieren.

Die Fotoausrüstung war auf zwei Leica-R4s, fünf Objektive (21, 28, 60, 90, 180 mm) und einen handlichen Blitz zum gelegentlichen Aufhellen ‚reduziert'. Vor allem das 21-mm-Weitwinkel erwies sich in der Enge unserer rollenden Hotels als sehr nützlich. Ein mittelschweres Stativ blieb wegen seiner Signalwirkung meist ungenutzt am Rucksack festgezurrt. Als unverzichtbare Utensilien erwiesen sich nicht zuletzt ein kleines Tischstativ und zwei Paar übereinander tragbarer Fingerhandschuhe: Wolle über Seide schützte den entscheidenden Reflex des Zeigefingers auch noch nach einer Stunde verläßlich vor ‚Väterchen Frost'.

Die wärmeempfindlichen Diafilme allerdings mußten wir mit einer flexiblen Isomatte vor den zuweilen tropischen Temperaturen überheizter Hotelzimmer und Zugabteile Sibiriens schützen.

Autoren

Karl Johaentges

geboren 1948 in Daun/Eifel

Nach einem Architekturstudium und einer fünfjährigen Tätigkeit als Architekt startete er 1981 („Jetzt oder nie!") zu einer dreijährigen Weltreise, in deren Verlauf er auch in Architekturbüros in Indien, Hongkong, Japan, Australien und Neuseeland arbeitete. Das füllte die Reisekasse, wichtiger jedoch war der Versuch, durch Arbeit vor Ort, die Haut des Touristen ein wenig abstreifen zu können.

Nach diesen „architektonischen und fotografischen Wanderjahren" brachte er im Herbst den vielbeachteten Bildband BILDER EINER WELTREISE heraus. 1986 folgte in Zusammenarbeit mit Jackie Blackwood ein Bildband über NEUSEELAND. Den Beruf des Architekten hat Karl Johaentges mittlerweile in die Schublade geschoben und arbeitet als freier Fotograf und Journalist für Verlage, Magazine und natürlich für den eigenen KaJo-Verlag.

Jackie Blackwood

geboren 1959 in Schottland

Im Alter von 18 Monaten wanderte sie mit ihren Eltern als *10-Pound-Tourist* nach Australien aus. Während ihres Literaturstudiums unterrichtete sie für zwei Jahre Schulkinder auf abgelegenen Farmen im Outback Australiens. Bevor sie 1984 zu einer mehrjährigen Weltreise aufbrach, leitete sie in Perth (Westaustralien) eine Buchhandlung. Von Asien kommend, erreichte sie 1985 die Bundesrepublik, wo sie in Hannover als Schriftstellerin hängenblieb.

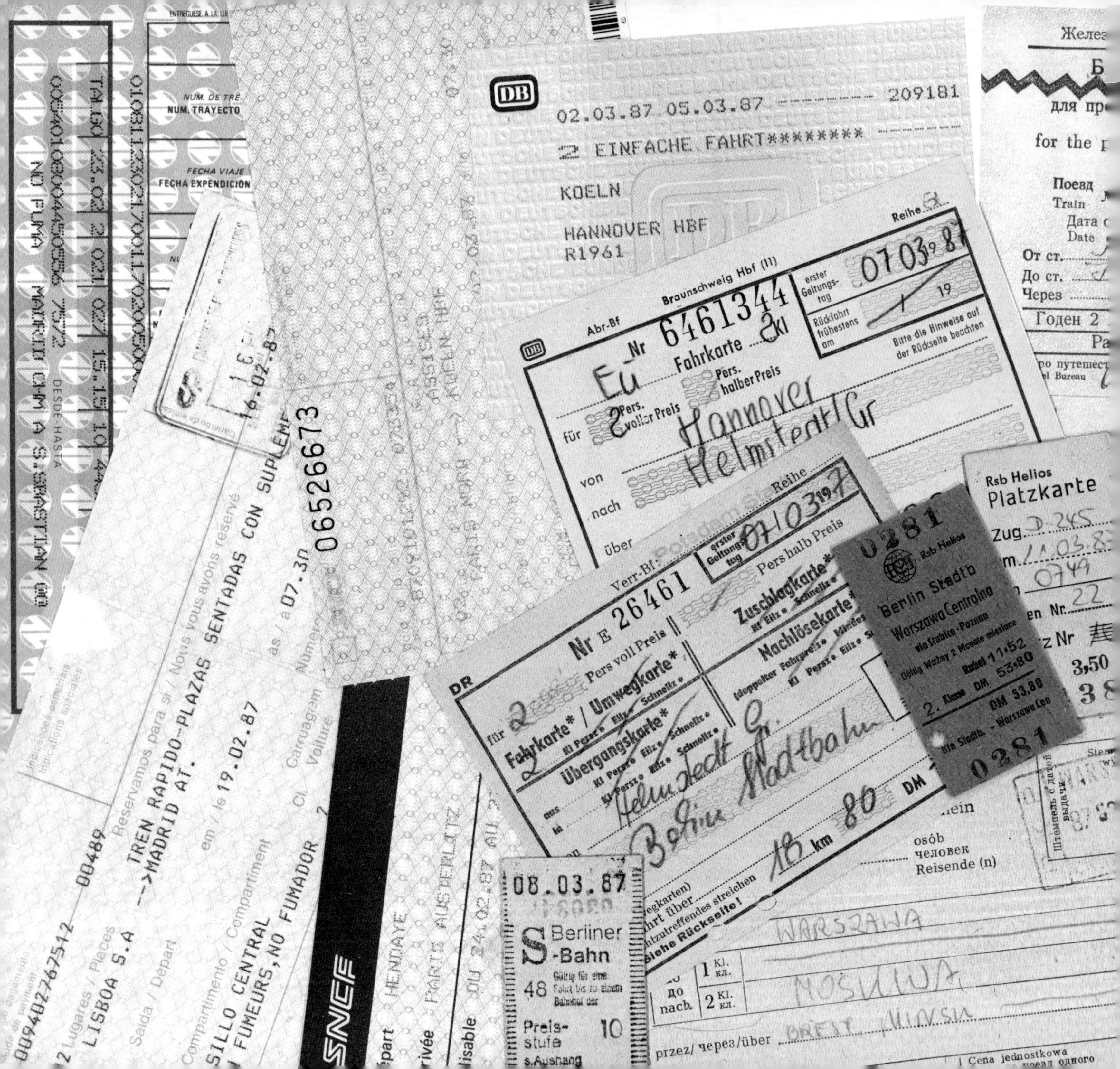
DB
02.03.87 05.03.87
209181
2 EINFACHE FAHRT********
KOELN
HANNOVER HBF
R1961
Braunschweig Hbf (11)
Nr 6461344
Fahrkarte
erster Geltungstag
Rückfahrt frühestens am
Bitte die Hinweise auf der Rückseite beachten
Pers. voller Preis
Pers. halber Preis
für
von
nach
über
Hannover
Helmstedt Gr
Verr-Bf
Nr E 26461
Pers voll Preis
Pers halb Preis
Zuschlagkarte
Nachlösekarte
Fahrkarte / Umwegkarte
Übergangskarte
DR
Helmstedt Gr.
Berlin Stadtbahn
DM 80
km
Siehe Rückseite!
0281
Rsb Helios
Berlin Stadtb
Warszawa Centralna
2. Klasse
DM 53,80
Rsb Helios
Platzkarte
Zug D 245
08.03.87
Berliner S-Bahn
48
Preis-stufe
10
s.Aushang
SNCF
HENDAYE
PARIS AUSTERLITZ
TREN RAPIDO-PLAZAS SENTADAS CON SUPLEMENTO
-->MADRID AT.
19.02.87
SILLO CENTRAL
FUMEURS,NO FUMADOR
LISBOA S.A
00940276751 2
00489
06526673
07.30
MADRID CHM A S.SEBASTIAN
NO FUMA
Железа
для пр
for the p
Поезд
Train
Дата
Date
От ст.
До ст.
Через
Годен 2
osób
человек
Reisende (n)
WARSZAWA
MOSKWA
BREST MINSK
przez/ через/über
Cena jednostkowa